Adobe Camera Raw

酷炫修图

RAW格式
照片专业处理技法
（修订版）

石礼海 著

U0390380

人民邮电出版社

北京

图书在版编目（CIP）数据

Adobe Camera Raw 酷炫修图：RAW格式照片专业处理技法 / 石礼海 著. -- 2版（修订本）. -- 北京：人民邮电出版社，2021.10（2022.11重印）
ISBN 978-7-115-56997-4

Ⅰ. ①A… Ⅱ. ①石… Ⅲ. ①图像处理软件 Ⅳ. ①TP391.413

中国版本图书馆CIP数据核字(2021)第147632号

内 容 提 要

Adobe Camera Raw 是 Adobe 公司推出的一款插件。近年来，Camera Raw 的功能越来越强大，大部分摄影后期处理工作都可以通过它来完成，因此 Camera Raw 越来越受广大摄影爱好者和摄影师的欢迎。

本书共有 12 章，主要讲解运用 Camera Raw 对照片进行处理的技法。包括 Camera Raw 的相关设置，创建图像初始化快照——还原点的技法，进行基础调整、局部精细调整、高光比图像处理、图像锐化和减少杂色的技法，用 Camera Raw 滤镜特效处理照片的技法，用 Camera Raw 批处理照片的技法，用 Camera Raw 进行高级调色的技法，创建高品质黑白图像的技法，用 Camera Raw 合成全景图像的技法，用 Camera Raw 创建 HDR 图像的技法等。此外，本书还简要介绍了运用 Bridge CC 对照片进行有效管理的技法。

本书是为摄影后期初学者量身打造的数码摄影后期教程，适合摄影爱好者、摄影师学习和参考。

◆ 著　　　　石礼海

　责任编辑　张　贞

　责任印制　陈　犇

◆ 人民邮电出版社出版发行　　北京市丰台区成寿寺路 11 号
　邮编　100164　电子邮件　315@ptpress.com.cn
　网址　https://www.ptpress.com.cn

　北京捷迅佳彩印刷有限公司印刷

◆ 开本：690×970　1/16

　印张：21　　　　　　　　　　2021 年 10 月第 2 版

　字数：484 千字　　　　　　　2022 年 11 月北京第 3 次印刷

定价：128.00 元

读者服务热线：(010)81055296　印装质量热线：(010)81055316
反盗版热线：(010)81055315
广告经营许可证：京东市监广登字 20170147 号

序

　　石礼海在摄影艺术上有很深的造诣。他曾被评为《大众摄影》杂志"2012年度影像十杰"、雪花啤酒摄影大赛最佳摄影师，并且在许多摄影比赛中获过奖。

　　石礼海取得如此傲人的成绩，有两个显著的原因。一是他采取了与众不同的学习方式。绝大多数的摄影师都是先学习拍照，然后渐渐进入后期制作的学习，他却反其道而行之。他先是对摄影后期的制作感兴趣，读了大量摄影后期制作的书籍及摄影画册，然后才拿起相机开始拍照。这无疑给了我们一个重要的启示，即用摄影后期的思维学习摄影。二是他深入生活，走进基层，山东枣庄的农村和山区是他摄影的广阔天地。他的成名之作，如《石板房》《柿子熟了》等都是在这里拍摄的。多年来，他一直邀请我去山区拍石板房，去年我终于如愿以偿，来到了山区，拍摄了独具风格的民居和皮影戏。

　　后期的重要性越来越被人们所认同，美国摄影师安塞尔·亚当斯曾经提出"底片是乐谱，暗室是音乐演奏"的观点，强调了后期占作品比重的50%，同时提出拍摄时需要的预想。我反复思索什么是拍摄时的预想，慢慢地才懂得了其中的一点奥秘。他曾说："一般人都认为我的作品是现实的。实际上在我的大部分作品中，从影调的关系上讲并不是如实地反映现实的。在拍摄、制作过程中，我采取种种控制方法，创作出相当于我所见到和感受到的形象。观众就会认为这是现实的本来面目，并对之做出相应的情感上和艺术上的反应。"安塞尔·亚当斯所谓的预想是把后期制作的经验融合到拍摄中，如色调的明暗反差等，使摄影师在拍摄时有更深一层的想象。预想的思维在前期的拍摄中会为摄影师展开更多的创作空间，石礼海的先后期再前期的学习方法正好是对预想的一种诠释。

　　后期制作实际是一种再创作，它不仅是对前期拍摄效果不足的一种补偿，更是前期拍摄预想的创意的深化过程，这样在后期制作时又会有新的灵感和创意出现。所以艺术化的摄影作品是前后期完美统一的结果，任何一部分都不可轻视和缺少。

　　Adobe Camera Raw（ACR）虽然只是Photoshop的一个插件，却具有强大的功能，不仅操作简单，而且是以一种无损的方式修图，可以脱离Photoshop独立使用。13.1版本的ACR在界面上和Lightroom完全同步，所以习惯使用Lightroom的用户也可以轻松地在ACR上处理图像。

　　石礼海是数码摄影后期制作的引领者，每当Photoshop或者ACR最新的版本出来的时候，他总会去精心研究，然后在中艺影像等各个学习班开展教学，并出版书籍加以推广，我和许多摄影爱好者都成了受益者。这本书对ACR及其操作方法都做了详尽的说明，并附有清晰的图例和相关视频，希望更多的读者能从中受益。

林铭述

2021年1月18日

前言

2019年7月，我的摄影后期图书《Adobe Camera Raw 酷炫修图——RAW格式照片专业处理技法》由中国工信出版传媒集团的人民邮电出版社正式出版发行，受到了广大摄影爱好者的高度关注和读者朋友的一致好评，目前已经再版两次，在此深表感谢。

Adobe Camera Raw（ACR）更新到12.3版本之后，由于操作界面和控件变化太大，广大摄影爱好者一时难以适应。虽然可以在界面右侧轻松访问编辑面板和其他调整工具，界面酷炫、控件整合极人性化、实操性更强，但也存在很多问题。例如许多常用工具找不到了，新增功能不知该如何使用，不知道各种控件应该如何综合使用才能"打"出漂亮的"组合拳法"，等等。特别是ACR更新到13.0版本，新增了"颜色分级"调整面板，这更是让广大摄影爱好者既兴奋又忐忑。在这样的形势下，人民邮电出版社的胡岩老师邀请我编写最新版ACR的使用教程。

本书不仅对更新的重要功能有详细讲解，而且提供大量的练习素材，让案例的学习有更多的延展性和完整性。书中有的章节末尾新增了"小结"栏目，并优化了学习提示，旨在提高读者自主学习的效率。我的"懒汉调图"预设也更新到了20210112版本，给读者提供了400多个一键式调图预设，为了让读者能够独立安装"懒汉调图"预设并进一步提高学习效率，本书还提供"懒汉调图"预设的视频安装教程，以及在我以往教学过程中录制的部分后期处理视频，算是给读者的一个惊喜。

本书是我近二十年来对ACR持续学习、交流、教学实践和深度思考的总结与分享。不仅为初级摄影爱好者提供了"懒汉调图"的解决方案，还为中级影友理清了蒙版与灰度蒙版的关系，也让高级摄影发烧友能在ACR中实现对图像局部的精细调修。

本书是一本资料翔实的工具书，也可为摄影后期培训提供教学参考。

数码摄影后期之路漫漫，相关的工具多种多样，内容博大精深。本书只是我近年来学习ACR的一个小结和汇报。如果读者能从中得到一些启发和收获，我将感到由衷的高兴。对书中谬误之处，我也恳请大家提出宝贵意见。

石礼海
2021年1月1日凌晨2点

资源下载说明

本书附赠电子书、教学视频、案例素材及修图预设文件，扫描右侧的"资源下载"二维码，关注"ptpress摄影客"微信公众号，回复本书51页左下角的5位数字，即可获得下载方式。资源下载过程中如有疑问，可通过客服邮箱与我们联系。

客服邮箱：songyuanyuan@ptpress.com.cn

扫一扫 学摄影

资 源 下 载

扫 描 二 维 码
下 载 本 书 配 套 资 源

目 录 CONTENTS

第一章

Camera Raw
设置

"工欲善其事，必先利其器。"在使用Camera Raw 13.1之前，我们先要把它调整到最合适的状态。

第一节　Camera Raw 的界面概述

学习目的： 学习如何在 Camera Raw 中打开图像，了解 Camera Raw 界面中的功能分布。

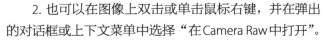

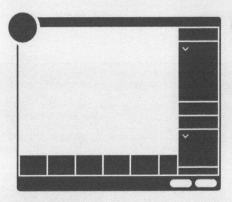

1. 在 Bridge 内容面板中选择图像，在应用程序栏中单击"在 Camera Raw 中打开"图标（如左图中红色方框所示），进入 Camera Raw 界面（Windows 系统的快捷键为 Ctrl+R，Mac 系统的快捷键为 command+ R）。

2. 也可以在图像上双击或单击鼠标右键，并在弹出的对话框或上下文菜单中选择"在 Camera Raw 中打开"。

3. 如果使用 Camera Raw 12.3，界面会自动弹出 UI 样式选项，通常选择"垂直胶片和单面板"，这样可以让图像窗口可视化范围扩大，单击"确定"按钮。

4. 为保证与本书一致，请使用 Adobe Camera Raw 13.1（或更高的版本），单击"立即开始！"按钮。

设置 Camera Raw 12.3

选择您的 UI 样式。稍后可以在首选项中更改设置。

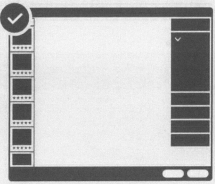

新 ACR 默认值
一次打开多个编辑面板。
水平和以图像为中心的胶片。

垂直胶片和单面板
一次只能使一个编辑面板保持打开状态。
带图像名称和评级的垂直胶片。

了解更多信息　　　确定

5.这样就进入了Camera Raw 13.1的主界面。可以看出，与Camera Raw 12.3相比，界面变化非常大！

"工具栏"由顶部移动到界面最右边，图像窗口变大了。右侧高度组织的面板让用户能够轻松导航并访问"编辑"面板和其他调整工具，操控性更强。"变换工具"面板更名为"几何"面板并被排列在"编辑"面板中。改进的"曲线"面板允许用户在"参数曲线"和"点曲线"通道之间切换；还可以使用"点曲线"，以及改变红色、绿色和蓝色通道的输入值进行精确调整。"HSL调整"面板更名为"混色器"面板，细化了对图像色彩的编辑调

照片创作者：David Franzen

欢迎使用 Camera Raw 13.1
我们很高兴与您分享最新功能。

预览局部校正
按 "eye" 按钮，预览局部校正。
改进缩放
在适应视图与可调缩放级别之间切换。
支持新型相机和镜头

漏洞修复

了解更多信息   立即开始！

整。"分离色调"面板更名为"颜色分级"面板，增加了强大且易用的色盘调整功能来调整中间色调、阴影和高光并进行全局控制，可以实现创意色彩效果。

　　如果安装了Camera Raw 13.1，出现在Bridge中不能使用Camera Raw打开案例图像的情况，可安装Camera Raw 12.3或Camera Raw 12.4。当然，升级计算机的操作系统是最佳的解决方案，即将Windows10升级至1703版本或更高版本（Mac系统升级到10.13至10.15版本）。

第二节　Camera Raw 的基本设置

　　单击Camera Raw界面右上角的"打开首选项对话框"图标 ⚙（Windows系统的快捷键为Ctrl+K，Mac系统的快捷键为command+K），或在Bridge菜单栏的"编辑"菜单中选择"Camera Raw首选项"，然后设置Camera Raw的首选项。

　　学习目的： 学习如何设置Camera Raw首选项，让操作的个性化和专业化并举。

　　1. 在"Camera Raw首选项"对话框"常规"区域的"面板"中，展开"编辑面板行为"下拉菜单，有"单一（默认）""响应式""多个"3个选项。建议选择"单

一（默认）"，因为调整面板展开得越多，操控起来就越复杂。也可以根据个人喜好进行设置。

　　（1）勾选"使用紧凑布局"复选框，勾选后Camera Raw会自动重启。或在"编辑"面板中，单击鼠标右键展开上下文菜单，选择"压缩"。

　　（2）在重启的Camera Raw界面中可以调整"编辑"面板的宽度，可以对各个调整面板进行设置，从而节省垂直空间。

　　左图为"编辑"面板设置前后的对比图。

（3）在"编辑"面板竖分隔栏上按住鼠标左键并左右拖曳鼠标指针，可以扩展或收缩垂直空间。

2.在"Camera Raw首选项"对话框"常规"区域的"胶片"中，展开"方向"下拉菜单，在"垂直"和"水平"之间进行样式选择。"水平"表示将胶片放在底部面板中（用于较长的宽幅风景图像），"垂直"表示将胶片放在左侧面板中。建议选择"垂直"样式，这样可以让图像窗口的可视化范围扩大。

（1）勾选"显示文件名""显示评级和颜色标签""鼠标悬停时显示上下文菜单提示"复选框。勾选后，在Camera Raw界面中，胶片缩览图下方将显示文件名和评级和颜色标签，以查看胶片显示窗格中胶片的文件名和星级。当鼠标指针在胶片中悬停时，会即时显示"存储选项" 🖫 和"胶片菜单选项"图标 ⋯ 。

（2）也可以在胶片缩览图中单击鼠标右键（或者单击 ⋯ 图标），展开上下文菜单，对胶片进行设置。

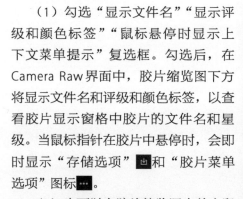

3. 在"Camera Raw首选项"对话框"常规"区域的"缩放和平移"中，勾选"使用Lightroom样式缩放和平移"复选框，这样在放大图像时，按住鼠标左键可即时启动"抓手工具"，拖曳鼠标指针可方便地查看图像局部细节（在Camera Raw中打开图像时，图像窗口即时显示"放大镜"，单击想查看的局部区域，图像会以被单击的局部区域为中心放大100%，再次单击图像可恢复视图大小），按住空格键也可即时启动"抓手工具"。

4. 在"Camera Raw首选项"对话框"文件处理"区域的"DNG文件处理"中，在"附属文件"下拉菜单中选择"在DNG中嵌入XMP"，勾选"更新嵌入的JPEG"复选框，在"预览"下拉菜单中选择"中等大小"。对DNG文件所做的任何修改，都会在预览中同步。

在"JPEG和TIFF处理"中，展开"JPEG"下拉菜单，选择"自动打开所有受支持的JPEG"；展开"TIFF"下拉菜单，选择"自动打开所有受支持的TIFF"。设置后，JPEG、HEIC和TIFF文件都可在Camera Raw中打开。

5. 在"Camera Raw首选项"对话框"性能"区域的"Camera Raw高速缓存"中，单击"清空高速缓存"按钮。

（1）高速缓存缩短了在Camera Raw中打开图像所需的时间，但是，默认存储的文件夹会随着缩览图、元数据和文件信息的不断增加而变得很

大，使计算机运行缓慢，因此，清除旧的高速缓存很有必要。

（2）高速缓存默认大小为1GB，只能存储200余张图像的数据，可将其设置为5GB-10GB。单击"选择位置"按钮，可以改变高速缓存的保存位置。可选择D盘，新建"CC垃圾文件"文件夹。

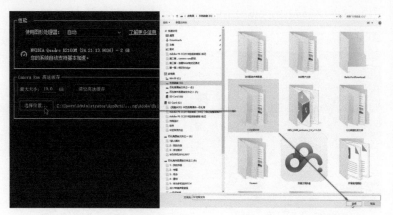

6. 在"Camera Raw首选项"对话框"Raw默认设置"区域中设置重要预设。

（1）在展开的"全图"下拉菜单中，选择"选择预设"，找到"光学"，选择其中的"镜头和色差校正"。设置后，可在不影响原始图像的影调和色调的前提下，删除图像边缘的色差，对图像进行镜头畸变和晕影校正。在Camera Raw中打开的所有原始图像，都需要进行"镜头和色差校正"，所以这一步的设置对后期调整、编辑图像来说很重要，后面所有的案例图像都使用此项设置（第二章第三节中有详解）。

"Adobe默认设置"是将Adobe默认设置应用于Raw图像；"相机设置"是将拍摄的相机的设置应用于Raw图像。这两种设置，可以在基础调整时应用，不推荐设置。

（2）用户也可以设置之前做好的预设。例如，从展开的下拉菜单中，选择"选择预设"，找到"01、风光RAW-闭合式-懒汉调图202008010"，选择其中的"0:

纯手动调整"。"0：纯手动调整"包含镜头和色差校正功能，还可对原始图像应用最安全的锐化和降噪（第六章中有详解）。

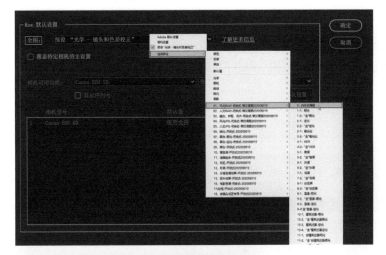

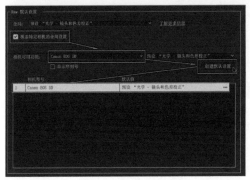

（3）依据个人喜好选择是否勾选"覆盖特定相机的全局设置"复选框。如需勾选请在Camera Raw中打开案例图像后再勾选（在Bridge"编辑"菜单中选择"Camera Raw首选项"不能对此项进行设置），Camera Raw会读取图像的元数据并在"相机可用功能"栏中显示出来，用户可根据相机型号来设置原始图像的默认设置；单击"创建默认设置"按钮，在"Raw默认设置"区域底部会显示创建的默认设置。

（4）可以像全局设置一样，设置特定相机的专用默认设置。这种设置方法适用于使用专用相机拍摄某种特定题材图像的场景。

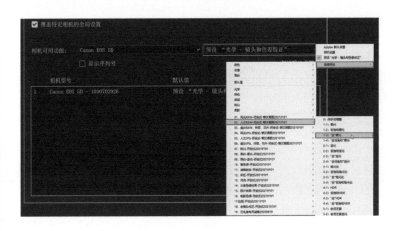

（5）勾选"显示序列号"复选框，相机的序列号会在"相机可用功能"栏和新创建的默认设置中显示出来。

（6）新创建的默认设置即时显示在设置栏中，单击默认设置旁边的菜单图标 ▧▧▧ ，可从弹出的菜单中选择新设置或者删除默认设置。

　　经过上面6个步骤，Camera Raw的基本设置就完成了，但要真正达到实用目的，进行Camera Raw的高级设置更为必要，也更为重要。后文讨论的所有Camera Raw的内容，都与它有关。

第三节　Camera Raw 的高级设置

　　本节主要讨论图像的色彩空间和工作流程选项。

　　学习目的： 学习采用哪种色彩空间更利于图像的调整编辑。

一、设置色彩空间

　　再次打开"Camera Raw首选项"对话框或单击Camera Raw界面底部带有下划线的文字，在"工作流程"区域中展开"色彩空间"下拉菜单，选择"Lab Color"。

　　Camera Raw默认的色彩空间是Adobe RGB(1998)，它的色域比sRGB的大，比ProPhoto RGB的小；而Lab Color的色域又比ProPhoto RGB的大。为了最大限度地保留

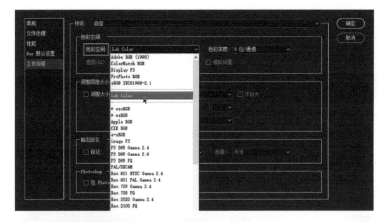

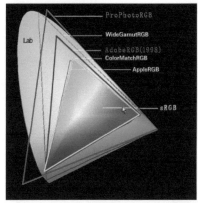

图像的色彩元素，Lab Color是最合适的选择。当然，ProPhoto RGB也是不错的选择。但是更推荐使用Lab Color，理由如下。

1. 随着高端显示器和超色域打印机的出现，使用Lab Color色彩空间让许多不可见的色彩可以显示出来。

2. 使用Lab Color色彩空间可以获得更大的创作空间，充分利用RAW格式图像所包含的颜色信息：颜色范围越大，可显示的颜色越多，色彩效果越好。

3. 在Camera Raw中，鼠标指针在图像中悬停时，该处的明度值在直方图中会即时显示。这有利于用户掌控图像的影调，使区域曝光理论能得到充分的发挥（Lab中，L值表示颜色的明度，a值表示颜色的红绿值，b值表示颜色的黄蓝值）。

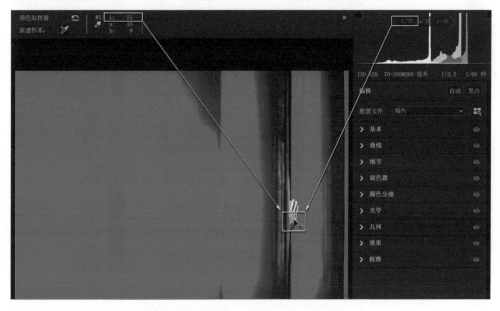

在"色彩深度"下拉菜单中选择"16位/通道"。在8位/通道图像中，每个通道有256种颜色；而在16位/通道图像中，每个通道有65536种颜色。"色彩深度"的值越高，可用的颜色就越多，图像的色彩就越丰富（计算机配置较低时，建议选择"8位/通道"，因为若选择"16位/通道"，图像的大小就会扩大一倍，计算机运行速度会变得缓慢）。

二、创建个性化的工作流程

展开"预设"下拉菜单，选择"新建 工作流程 预设"，在弹出的对话框中输入名称并单击"确定"按钮保存预设，单击"Camera Raw首选项"对话框中的"确定"按钮完成创建。这一步的作用主要是把习惯的操作内容和步骤组合起来，以提高工作效率。

小结

    sRGB色彩空间是美国的惠普公司和微软公司于1997年共同开发的色彩空间标准；Adobe RGB色彩空间是由美国的Adobe公司于1998年推出的色彩空间标准；柯达公司开发的ProPhoto RGB色彩空间提供了一个特别大的用于摄影输出的色域；Lab Color色彩空间由专门制定各方面光线标准的组织——国际照明委员会（CIE）创建，Lab Color色彩空间的数值可描述视力正常的人能够看到的所有颜色。

第四节　Camera Raw 的存储设置

存储设置包括文件格式、文件大小、色彩空间等内容。

学习目的：学习在Camera Raw中如何转换原始文件的格式并保存图像。

一、在Camera Raw中将原始文件转换为DNG格式文件的优点

将原始文件转换成DNG格式文件的优点如下。

1. DNG格式是Adobe公司创建的一种开放式的存储格式，任何版本的Camera Raw无须升级均可以顺利打开DNG格式文件。

2. 转换为DNG格式文件后，文件量比原始文件小1/5。

3. 对DNG文件的任何编辑都作用在文件本身，不产生附属文件。

4. DNG文件可用于打印。

5. 转换为DNG格式文件后，文件体量小、传输速度快，方便后期学习交流。

二、将原始文件转换成DNG格式文件的方法

1. 在Camera Raw界面的右上方（或胶片栏中），单击"转换并存储图像"图标 [±]。在弹出的"存储选项"对话框中，单击"选择文件夹"按钮，在弹出的"选择目标文件夹"对话框中选择存储位置，默认存储位置和原文件的相同。

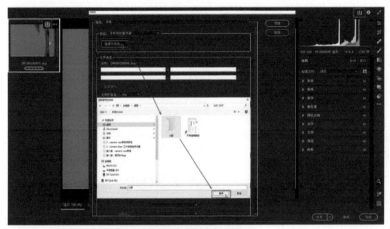

2. 展开"文件命名"中的"文件扩展名"下拉菜单，选择".dng"，并做如左图所示的设置，如果不是批量转换，位数序号可以不设置。

3. 勾选"格式"中的"使用有损压缩"复选框，并指定文件大小。注意，以DNG格式文件作为备份时，不要勾选此选项。

4. 如果喜欢这种存储方式，可以将其设置为预设。展开"预设"下拉菜单，选择"新建 存储选项 预设"，在弹出的对话框中输入名称，单击"确定"按钮保存预设，单击"存储"按钮，完成转换命令，转换后的文件大小只有300KB左右。下次使用时可在"预设"下拉菜单中选用，省时省力。

5. 要以DNG格式文件作为备份时，可以展开"预设"下拉菜单，选择内置预设"另存为DNG文件"，存储位置和原文件相同。

三、将原始文件转换为JPEG格式文件

1. 转换为 JPEG 格式文件和转换为 DNG 格式文件的操作相似，不同点是"文件扩展名"要选择".jpg"。

2. 将"品质"设置为"12"，确保转换后的图像呈现最佳效果。

3. 展开"色彩空间"下拉菜单，选择"sRGB IEC61966-2.1"，"色彩深度"选择"8位/通道"，确保图像在演示文稿及流媒体中，特别是在手机App中使用时，不会出现颜色失真的现象。

4. 在"调整图像大小"中，用户可以根据需要指定转换图像大小。由原始RAW格式文件转换成JPEG格式图像，图像尺寸扩大一倍，画质有保障，扩大两倍也可以，再高就会有风险（比在Photoshop中插值放大效果好）。

5. 在"输出锐化"中的"锐化"下拉菜单中选择"光面纸"或"粗面纸"（取决于打印纸张）；在"数量"下拉菜单中选择"高"，以保证作品在输出或打印时，有清晰的锐度。处理JPEG格式文件时，不建议勾选任何选项。

如果喜欢这种保存JPEG格式文件的方式，可以将其设置为预设。

6. 如果要保存与原始文件尺寸一致的JPEG图像，可以展开"预设"下拉菜单，选择内置预设"另存为JPEG文件"，存储位置和原文件相同。

7. 还可以将原始数据文件转换为PSD和TIFF格式文件，方法与转换为DNG、JPEG格式文件类似。

小结

1. Camera Raw 13.1有了自己的保存图像格式预设，在"调整大小以适合"下拉菜单中多了"短边"选项。

2. 笔者设置的保存预设比Camera Raw的内置预设多，可大幅度提高工作效率。第八章"Camera Raw批处理"中有详细的安装说明，读者也可以观看"'懒汉调图'安装方法视频"学习安装。

第五节 阴影、高光修剪警告

学习目的： 学习如何在Camera Raw中打开或关闭阴影、高光修剪警告。

1. 阴影、高光修剪警告按钮位于直方图的上方，左侧为"阴影修剪警告"按钮，右侧为"高光修剪警告"按钮，单击可打开或关闭对应警告。

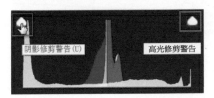

2.图像中红色部分表示亮部细节溢出，蓝色部分表示暗部细节溢出，均表示图像的细节丢失。

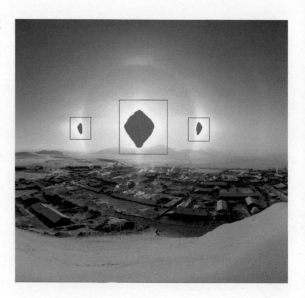

在图像调整前、后打开阴影、高光修剪警告，查看图像细节溢出区域，有利于进行有针对性的编辑调整。在图像调整过程中，建议关闭阴影、高光修剪警告，否则红色和蓝色提示会影响用户对图像整体的掌控，导致因修剪警告而调整过度。例如，以上案例图像的太阳区域就应该为亮部细节溢出，如果过分考虑修剪警告，图像调整后就会整体偏暗或太阳区域有明显的后期修图痕迹。

第六节　读懂直方图

直方图是编辑图像的核心工具，读懂直方图对后期调整有着十分重要的指导作用。

学习目的： 了解直方图对图像编辑、调整的重要性。

1.理想的直方图是从左向右均匀地分布像素值的，高光不溢出，暗部有细节。

2.虽然影调集中在中间调，但也能进行有效的视觉传达。如下页上图所示。

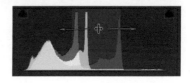

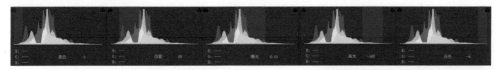

3. 直方图横轴由左向右显示0～255的亮度数值，数值越大亮度越高，纵轴表示图像对应亮度的像素值分布。Camera Raw将直方图分为5个区域，分别是黑色、阴影、曝光、高光和白色。

4. 直方图由3个颜色通道组成，分别为红色、绿色和蓝色通道。当3个通道重叠时，将显示灰白色。当两个通道重叠时，将显示黄色（红色通道＋绿色通道）、洋红色（红色通道＋蓝色通道）或青色（绿色通道＋蓝色通道）。

Camera Raw允许在直方图上修图，在直方图相应的区域按住鼠标左键并拖曳，可调整图像的影调，所做的调整将反映在"基本"面板上对应的滑块中。

小结

直方图的样式受图像色彩空间模式的影响很大。同一张图像在不同的色彩空间模式下，直方图的表现形式不一样。

1. 在色彩空间为 Adobe RGB（1998）的模式下。

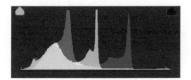

2. 在色彩空间为 ProPhoto RGB 的模式下。

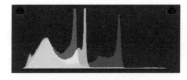

3. 在色彩空间为 Lab Color 的模式下。

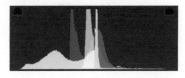

第二章

创建图像初始化
快照——还原点

随着修图软件的不断更新和人们对摄影的不断深入理解，人们在不同时间对同一张图片的处理想法会略有不同，有时甚至会恢复Camera Raw 默认值来重新调整。那么在图像调整前所做的一切基础编辑工作，都将从头开始。例如清除污点、白平衡校正、删除色差、镜头畸变校正等，如果不想重复基础调整的工作，那么创建图像初始化快照——还原点就尤为重要。

第一节　更新 Camera Raw 的版本

　　使用最新版本的 Camera Raw 打开在较旧版本的 Camera Raw 中编辑过的文件时，图像窗口右下角会出现提示图标。

　　学习目的： 学习如何将较旧版本的 Camera Raw 编辑过的图像设置快速更新为最新版本。

　　如果需要更新为最新版本，可单击"！"图标（如左图红色方框所示）完成更新。

　　更新后，图像效果得到了一定的改善，调整控件也焕然一新。

小结

　　最新版本的 Camera Raw 使用的是最先进的运算方法，会提示是使用最新算法和最新控件来重新运算和编辑图像，还是保持原来的图像编辑状态。

第二节　污点去除工具的高级使用技法

在拍摄过程中，相机的CCD、镜头不可避免地会沾染上灰尘，表现在照片上就是污点。完美地去除这些污点是修图很重要的基础工作。污点去除工具是摄影师最常使用的工具之一，其操作简单、用途广泛，可以一键消除照片中因相机传感器上的灰尘产生的污点、修复照片中的瑕疵，且不具有破坏性。

学习目的： 学习污点去除工具的各种高级使用技法。

一、"污点去除"工具的基本使用方法

1. 在Camera Raw中打开案例图像，单击工具栏中的"污点去除"工具图标 ✐（快捷键为B）。"基本"面板将切换成"修复"面板。

2. 放大图像，可清晰地看见污点，按住空格键，鼠标指针将切换成"抓手工具"，按住鼠标左键并拖曳可查看图像中的污点。

以下是几种缩放图像的方式，读者可自由选择。

（1）单击图像，图像将自动放大至100%（Windows系统的快捷键为Ctrl+Alt+0，Mac系统的快捷键为command+ option+0）。

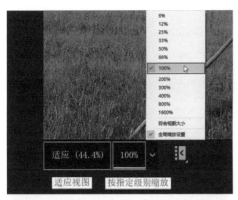

（2）在"**按指定级别缩放**"下拉菜单中选择相应比例来缩放图像，单击"适应"可使图像以符合视图大小的比例显示。

（3）Windows系统下按住Ctrl键（Mac系统下按住command键），用鼠标指针在图像局部区域绘制出边框，松开鼠标，边框内的图像将被放大并充满画布。

（4）放大图像：Windows系统的快捷键为Ctrl++（Mac系统的快捷键为command++）。缩小图像：Windows系统的快捷键为Ctrl+-（Mac系统的快捷键为command+-）。

（5）在图像预览窗口中单击鼠标右键，在弹出的上下文菜单中可选择合适的比例缩放图像。

（6）使图像符合视图大小：Windows系统的快捷键为Ctrl+0（Mac系统的快捷键为command+0），或双击"缩放工具"图标（如右图红色方框所示）。

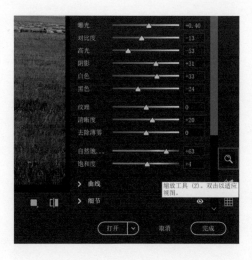

3. 调整画笔大小。

"污点去除"工具的画笔大小，应稍大于污点。常用的调整方法是：按住鼠标右键，向左拖曳可缩小画笔，向右拖曳可放大画笔；或者在"修复"面板中，拖曳"大小"控件滑块调整画笔大小；计算机处于英文输入法时，按方括号键"["或"]"可调整画笔大小。

"污点去除"工具中需要了解的几个重要滑块如下。

（1）"大小"用来控制画笔的直径。

（2）"羽化"控制选区内外衔接部分自然融合的效果，羽化值越大，融合的效果越柔和（适用于复杂的背景）。当羽化值为零时，画笔也会有轻微的柔边效果（适用于简单的背景）。

（3）"不透明度"控制被修复区域和取样区域互相叠加的效果，不透明度值越高，取样区域的样本越明显。

4. 在修复模式下，使用"污点去除"工具在污点处单击，即可去除污点。

下页左上图中红白相间的圆圈部分是被修复区域，绿白相间的圆圈部分是Camera Raw通过计算并查找的取样区域，两个区域之间以黑白虚线连接。

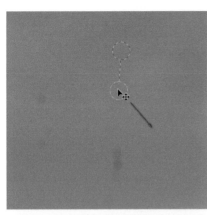

如果Camera Raw自动查找的取样区域的修复效果不好，可单击取样区域，然后按/键，让Camera Raw重新计算并自动查找新的取样区域，或拖曳绿白相间圆圈，手动找到合适的取样区域。

5. 对于连续的不规则污点，可以在污点处按住鼠标左键并拖曳出选区来清除。

6. 如果要修改上次操作，让画笔靠近白色锚点（闭合状态下不可修改），待出现三角指针提示时单击可激活。若要修改"污点去除"工具画笔的大小，当鼠标指针在圆圈处出现双向箭头时，按住鼠标左键并拖曳即可。

7. 有一种方法可以选择性地删除白色锚点，操作简单快捷。Windows系统下按住Alt键（Mac系统下按住option键），画笔将自动切换成剪刀工具，单击白色锚点即可将其删除。若要清除全部白色锚点，可单击"修复"面板顶部的"重置修复"图标（如下页上图右上角的红色方框所示）。单击面板顶部的"眼睛"图标（如下页上图右上角的黄色方框所示），可即时切换调整前后的效果。

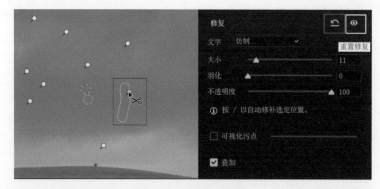

8. 在"修复"面板中，勾选"可视化污点"复选框（允许深度查找肉眼很难分辨的瑕疵），调整控件阈值，使图像中深藏的污点全部显现出来。

快速调整"可视化污点"控件阈值的方法如下。

（1）快速增大阈值，按Shift+。快捷键；直接按"。"（句号）键，慢速增大阈值。

（2）快速减小阈值，按Shift+，快捷键；直接按"，"（逗号）键，慢速减小阈值。

9. 对于同一款相机拍摄的相似场景，可以批量去除污点。

选择多个图像，在Camera Raw中同时打开，在胶片栏缩览图中单击鼠标右键（或者单击图标 ...），展开上下文菜单，选择"全选"（Windows系统的快捷键为Ctrl+A，Mac系统的快捷键为command+A）。操作技法同单个图像的"污点去除"技法一致。

二、污点去除工具的拓展使用方法

1. 修补图像中的瑕疵

（1）在Camera Raw中打开案例图像，放大图像并移动至最佳调整位置。在工具栏中单击"污点去除"工具图标，"编辑"面板自动切换成"修复"面板，在"修复"模式下，设置"羽化"为0、"不透明度"为100，调整好画笔大小，在瑕疵上按住鼠标左键并拖曳出选区（瑕疵内拖曳出的选区，千万不能有残存间隙，否则瑕疵不能被完美地去除；瑕疵外拖曳出的选区，要留出羽化的空间）。

（2）松开鼠标，将羽化值调整至28，消除边缘痕迹，完成修补命令。

（3）左图为瑕疵被修补后的效果。

2. 去除杂物

（1）在Camera Raw中打开案例图像，放大图像并移动至最佳调整位置。在工具栏中单击"污点去除"工具图标，在"修复"模式下，设置"羽化"为0、"不透明度"为100，调整好画笔大小（让"污点去除"工具画笔大小刚好大于杂物的最远端）并单击，修补的效果暂时不要考虑（图像中有线性杂物时，不需要拖曳产生选区）。

（2）调整好画笔大小，让其刚好大于杂物的最近端。按住Shift键并在杂物最近端单击，两个单击点会自动相连。

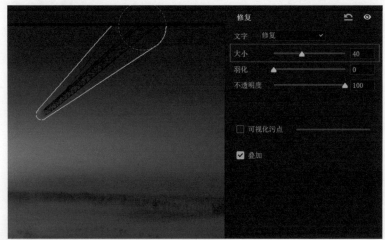

（3）Camera Raw会重新查找取样区域修复自动相连的区域，快速完成去除杂物命令。

（4）调整前后效果对比图如下所示。

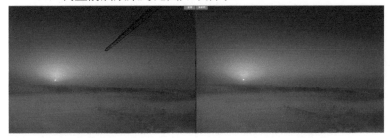

3. 人像美容

"污点去除"工具在人像美容修饰中起着十分重要的作用。它不仅可以去除面部的瑕疵，还可以消除或弱化面部的皱纹。

（1）在 Camera Raw 中打开案例图像，放大图像并移动至最佳调整位置。在工具栏中单击"污点去除"工具图标，在"修复"模式下，设置"羽化"为0、"不透明度"为100，调整好画笔大小，去除人像面部瑕疵的操作方法同"污点去除"工具的基本使用方法一致。

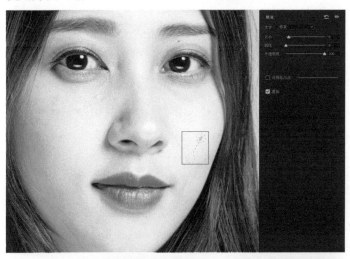

（2）要使瑕疵完全显现，可勾选"可视化污点"复选框，并调整控件的阈值，使皮肤的瑕疵充分地显示出来。

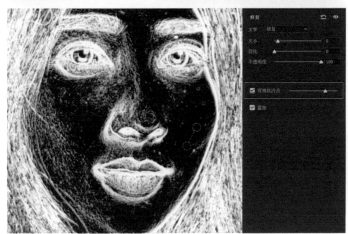

（3）在Camera Raw中打开案例图像，放大图像并移动至最佳调整位置。在工具栏中单击"污点去除"工具图标，在"修复"模式下，设置"羽化"为0、"不透明度"为50，调整好画笔大小。要消除或弱化人物面部的皱纹，可以通过调整不透明度来实现叠加效果。由于老人皱纹较长，可采用分段弱化的方法，耐心细致地修饰。在修饰人像时，常常需要手动查找取样区域。

（4）修饰后，可以看出老人皱纹弱化了。

4."污点去除"工具在"仿制"模式下的高级使用技法

"污点去除"工具在"修复"模式下，很像 Photoshop 中的污点修复画笔工具，在"仿制"模式下，很像 Photoshop 中的仿制图章工具，可在原始图像中仿制仿制源。

不过，在"污点去除"工具的"仿制"模式下，仿制后的边缘将十分生硬，如果增大羽化值也不能令人满意的话，可以对有边缘痕迹的区域再进行一次修复操作，即可消除边缘痕迹。若是背景简单的仿制，选择"修复"模式即可。

案例一

（1）在Camera Raw中打开案例图像，放大图像并移动至最佳调整位置。对于图像中较小的瑕疵，"污点去除"工具可以在"修复"模式下进行去除操作。

（2）对于图像中较大的瑕疵并且有留白（天空）的区域，"污点去除"工具必须在"仿制"模式下进行修复操作，将羽化值提升至87，尽量消除图像边缘的修复痕迹。

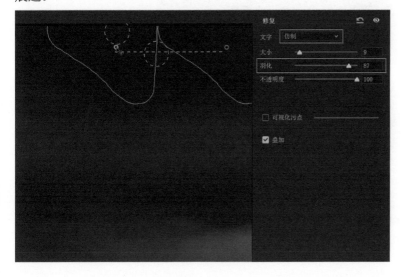

（3）若仿制后的边缘仍有修复的痕迹，则要对有边缘痕迹的区域进行再次操作，并将"污点去除"工具的"仿制"模式修改为"修复"模式，将羽化值增大至100，才可实现完美修复。

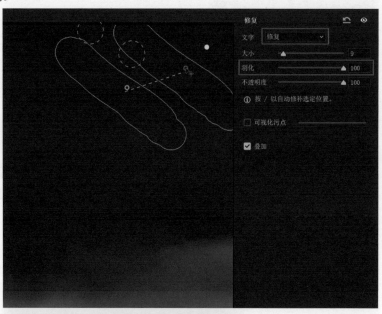

（4）仿制前后效果对比如右图所示。

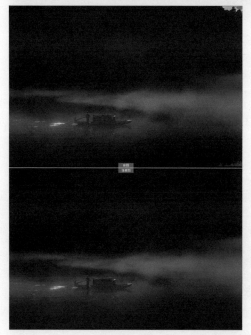

案例二

把案例图像中的月亮仿制到合适的位置。

（1）在Camera Raw中打开案例图像，放大图像并移动至最佳调整位置。在工具栏中单击"污点去除"工具图标。"编辑"面板自动切换成"修复"面板。在"修复"模式下，设置"羽化"为0、"不透明度"为100，调整好画笔大小。Windows系统下按住Ctrl键（Mac系统下按住command键），在理想位置上按住鼠标左键并将绿白相间的圆圈拖曳至月亮处。绿白相间的圆圈会像磁铁一样依附着鼠标指针，直至松开鼠标。

（2）天空出现了两个月亮。

（3）由于当前画面中的绿白相间的圆圈在原处会影响再次操作，可取消勾选"叠加"复选框，然后在原月亮处单击，即回归自然状态。操作完成后，一定要再次勾选"叠加"复选框，否则会影响下次的操作。

（4）最终效果如右图所示。

案例三

在背景复杂的环境中仿制仿制源，把案例中的小船仿制到合适的位置。

（1）在Camera Raw中打开案例图像，放大图像并移动至最佳调整位置，在工具栏中单击"污点去除"工具。"编辑"面板自动切换成"修复"面板。在"修复"模式下，设置"羽化"为0、"不透明度"为100，调整好画笔大小。按住鼠标左键并拖曳出小船复杂的轮廓，留出后续羽化的空间，这是成功仿制的关键。

（2）将仿制区和取样区相互调换位置。

（3）取消勾选"叠加"复选框，发现仿制区域边缘过渡不自然，将羽化值调至100，痕迹消失。按住Shift健，按住鼠标右键并向右（左）拖曳画笔，可以增大（减小）羽化值。

（4）仿制完成后的效果如下图所示。

小结

1. 使用"污点去除"工具为人像美容时，设置恰当的"不透明度"值是成功的关键。为年轻人美容：对于小的瑕疵，设置"不透明度"为100，对于大的瑕疵（如痣），设置"不透明度"为60~80；为老年人美容：对于小的皱纹，设置"不透明度"为90~100，对于大的皱纹，设置"不透明度"为30~50（女性设置为50~70）。

2. 只有使用"污点去除"工具在复杂的环境中仿制仿制源时，才需要调整羽化值。Camera Raw内置轻微的柔边效果，可以胜任简单的污点去除工作。

第三节　镜头校正的高级技法

不同类型的相机镜头，会产生不同类型的瑕疵，常见的有图像的桶形失真（直线向外弯曲）、枕形失真（直线向内弯曲）、色差（彩色镶边条纹）和边缘晕影（图像边缘比图像中心暗，角落尤甚）。"光学"和"几何"调整面板里的控件，可以很轻松地校正一些数字捕获造成的光学问题。

学习目的： 系统学习镜头校正的各种高级技法。

一、色差校正高级技法

色差是多色光通过透镜时，由于波长和折射率各不相同，在图像边缘留下的彩色镶边条纹。用不同的玻璃材料制成的凹凸镜组合可以消除色差。但是，光学系统的实际成像与理想成像仍存在一定的差距。

色差多出现在影像反差强烈的物体边缘，彩色的镶边条纹有时是红色的、有时是绿色的、有时是紫色的、有时是蓝色的，但无论是什么颜色的，使用Camera Raw"光学"面板中的滑块都可以轻松地完成去除色差命令。

1. 全自动删除色差法

（1）在Camera Raw中打开案例图像，在"编辑"面板中单击"自动"按钮对图像进行自动影调调整。

"编辑"面板的选项栏中有"基本"至"校准"等9个面板，要启用它们，Windows系统的快捷键为Ctrl+1至Ctrl+9（Mac系统的快捷键依次为command+1至command+9）。

（2）进行删除色差操作之前，最好先将图像放大至100%～400%，直至可以很明显地看到图像边缘有蓝色和紫色镶边条纹。

（3）在"光学"面板的"配置文件"选项卡中，勾选"删除色差"复选框。可以发现，Camera Raw依据图像的元数据，利用内置配置文件数据出色地完成了删除色差任务。

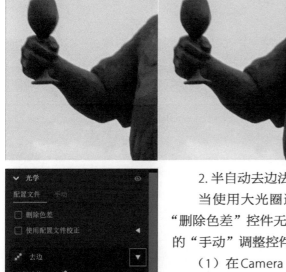

（4）校正前后效果对比如左图所示。

2. 半自动去边法

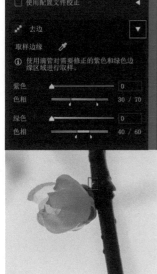

当使用大光圈逆光拍摄的图像边缘出现色差时，"删除色差"控件无法删除色差，因此需要选择面板中的"手动"调整控件来完成。

（1）在Camera Raw中打开案例图像，放大图像并移动至最佳调整位置。展开"光学"面板，单击"去边"右边的三角形图标，隐藏的"去边"面板将全部显示出来。

"紫色"和"绿色"数值的大小，决定要去除彩色镶边条纹的多少；紫色和绿色的"色相"滑块负责查找彩色镶边条纹的色相范围。"取样边缘"的颜色滴管工具可以对需要修正的紫色和绿色边缘区域进行取样。

（2）选择取样边缘的颜色滴管工具，或者按住Ctrl键（Mac系统下按住command键），鼠标指针将切换成颜色滴管工具，在彩色镶边条纹上单击。

（3）使用滴管工具后"绿色"和"色相"滑块可以自动清除图像中的彩色镶边条纹。"绿色"自动调整为3，"色相"自动调整为46/67。

当半自动去边法不能很好地完成去边任务时，可使用全手动去边法达到去边目的。

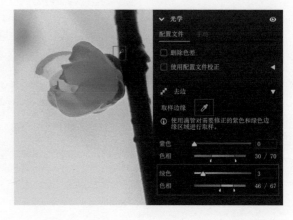

3. 全手动去边法

在使用半自动去边法去边时，会发现调整"绿色"滑块可以查找到案例的彩色镶边条纹。

（1）Windows系统下按住Alt键（Mac系统下按住option键）拖曳绿色的"色相"滑块，镶边条纹会被黑色线条遮挡。这样操作可以轻松、直观、准确地查找到彩色镶边条纹区域，防止去边过度（绿色的"色相"滑块调整为42/79）。

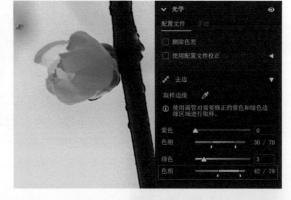

（2）Windows系统下按住Alt键（Mac系统下按住option键）并拖曳"绿色"滑块，图像中彩色镶边条纹区域会突显出来，无关影像会被隐藏。增大"绿色"的值直至彩色镶边条纹区域的颜色变为中性色为止，彩色镶边条纹完全消失（"绿色"滑块的值为7）。

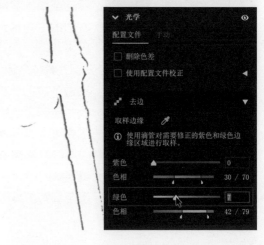

（3）校正前后效果对比如下图所示。

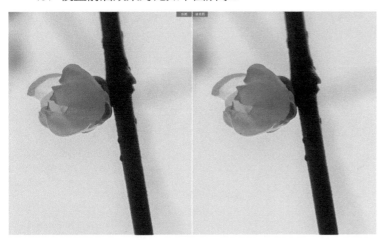

4. 调整画笔去边法

在Camera Raw的工具栏中有"调整画笔"工具 ![icon]（快捷键为K），在"画笔"面板中有"去边"滑块，它可以快速消除图像边缘的彩色镶边条纹。"去边"为正值时会消除图像边缘的彩色镶边条纹，为负值时可以恢复由于手动去边调整过度，对图像造成的边缘性颜色误伤。

（1）打开案例图像，在工具栏中单击"调整画笔"工具图标，"编辑"面板自动切换成"画笔"面板。

在"画笔"面板中，设置"去边"效果的预设量为+100。双击任意滑块，可单独将其重置为0。

（2）将画笔"大小"设置为5，保持"羽化"为100、"流动"为50、"浓度"为100（默认值），不要勾选"自动蒙版"复选框。单击蜡梅花树干最上方内侧，按住Shift键，在树干内侧下方再次单击，两个单击点将自动连成一条线完成分段去边命令。

（3）在蜡梅花边缘细心涂抹，直至彩色镶边条纹完全消失。

（4）图像校正前后效果对比如下图所示。

二、光学校正高级使用技法

1.自动校正镜头畸变和镜头晕影技法

（1）在Camera Raw中打开案例图像，展开"光学"面板；在"配置文件"选项卡中，单击"使用配置文件校正"右边的三角形图标◀，隐藏的"使用配置文件校正"小面板将全部显示出来。

（2）勾选"使用配置文件校正"复选框。Camera Raw依据图像的元数据，查找拍摄图像所使用的相机和镜头，并在其内部数据库中搜索匹配的配置文件，对图像的镜头畸变和晕影进行自动校正。

（3）图像四角的晕影和镜头畸变得到了很好的校正，校正前后效果对比如左图所示。

2. 手动校正镜头畸变和镜头晕影技法

（1）在 Camera Raw 中打开案例图像，可以发现，使用广角镜头拍摄的图像，其镜头畸变和晕影比较严重。

（2）展开"光学"面板，在"配置文件"选项卡中，勾选"使用配置文件校正"复选框，对图像的镜头畸变和晕影进行自动校正。

（3）如果对校正效果不满意，可再对图像进行手动校正。图中客车的畸变没有校正好，图像的角落还存在晕影，因此需要手动增大校正量。

"校正量"中有两个滑块。一个是"扭曲度"，默认值为100，在自动校正镜头畸变时，它应用了100%的配置文件对图像的失真进行校正，大于100的值应用于更大的失真校正，小于100的值应用于更小的失真校正。另一个滑块是"晕影"，默认值也是100，在自动校正镜头晕影时，它应用了100%的配置文件对图像的晕影进行校正，大于100的值应用于更大的晕影校正，小于100的值应用于更小的晕影校正。

单击工具栏底部的"切换网格覆盖图"图标，图像中会出现网格辅助线，Camera Raw界面的顶部中央将显示"网格大小"和"不透明度"滑块。拖曳"网格大小"滑块可以改变网格的疏密度，使网格线的线条和图像失真的横线或竖线保持相对吻合，方便查看图像校正畸变的效果；拖曳"不透明度"滑块可以改变网格线的不透明程度。"切换网格覆盖图"使用后要取消选择，否则会影响后续操作的查看效果。

拖曳"扭曲度"滑块至200，网格辅助线即时显示，协助完成图像的桶形失真校正。松开鼠标，网格辅助线瞬时消失。

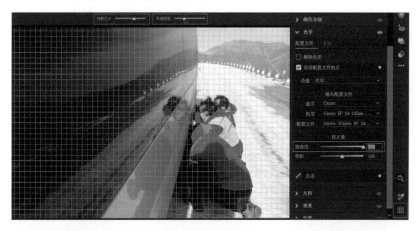

（4）拖曳"晕影"滑块至125，图像的晕影得到了很好的校正。

（5）在"光学"面板"手动"选项卡中也有一个"扭曲度"滑块，它的默认值是0，在这里还可以使用 – 100～+100的值对图像应用更大的失真校正。

将"扭曲度"滑块拖曳至+5，图像的畸变得到了很好的校正。

（6）"手动"选项卡中也有一个"晕影"滑块，它的默认值为0，可以使用 −100~+100的值添加或减少图像的晕影。"手动"选项卡中还有一个"中点"滑块，只有当"晕影"滑块有变化时，"中点"滑块才能使用，它的默认值是50，用于控制晕影由中心向周边渐变的范围。

在这张图像中，给图像添加了 −15的"晕影"，并将"中点"滑块拖曳至0，完成了给图像制造均匀晕影的效果。

（7）校正前后效果对比如右图所示。

3. 手动设置"配置文件"对图像进行校正的技法

有些图像缺少Exif元数据信息，Camera Raw无法自动为图像查找匹配的"配置文件"，因此需要手动设置"配置文件"对图像进行镜头畸变和晕影的校正。

（1）案例图像是使用德国福伦达VM 12mm f/ 5.6 Ultra Wide Heliar Aspherical定焦镜头拍摄的，由于镜头是手动对焦头，没有电子触点，图像元数据无法记录镜头的详细信息，因此勾选"使用配置文件校正"复选框无效。

（2）展开"建立"下拉菜单，选择镜头制造商福伦达"Voigtlander"。

（3）展开"机型"下拉菜单，选择镜头型号"Voigtlander VM 12mm f/5.6 Ultra Wide Heliar Aspherical"。

（4）将"配置文件"指定为"Adobe(Voigtlander VM 12mm f/5.6 Ultra Wide Heliar Aspherical)"。

（5）将"晕影"值降至78，重新修正图像的晕影。

（6）展开"设置"下拉菜单，选择"存储新镜头配置文件默认值"。Camera Raw再打开此款镜头拍摄的图像时，将把Adobe（Voigtlander VM 12mm f/5.6）作为它的默认值。

如果对设置不满意，可选择"重置镜头配置文件默认值"。在"设置"下拉菜单中，默认值和自动效果一样，都应用了100%的配置文件对图像的失真进行校正。

（7）选择完成后，"设置"选项由"自定"转换为"默认值"，单击面板底部的"完成"按钮保存预设。

4.鱼眼镜头畸变的校正技法

鱼眼镜头是一种焦距为16mm或更短，并且视角能达到180°或230°的镜头。使用鱼眼镜头拍摄的图像具有非常强烈的透视效果和震撼人心的视觉冲击力，因光学原理产生的畸变（桶形失真）也就越强烈。如何校正使用鱼眼镜头拍摄的图像，也成了一个棘手的问题。

（1）在Camera Raw中打开案例图像，展开"光学"面板。

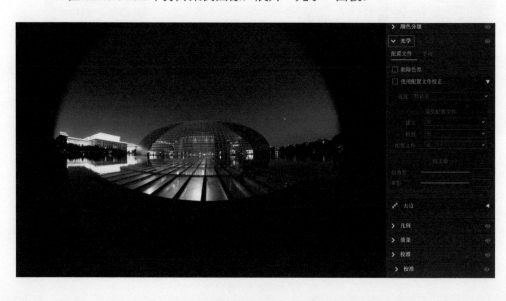

（2）在"配置文件"选项卡中，勾选"使用配置文件校正"复选框，不可思议的效果出现了，Camera Raw依据图像的元数据查找拍摄图像所使用的相机和镜头，并在其内部数据库中，搜索匹配的配置文件，对鱼眼镜头畸变做出了接近完美的校正。

5. 数据库缺少内置"配置文件"的校正技法

（1）案例图像是使用泽尼塔尔ZENITAR 16 mm f/2.8镜头拍摄的，但Camera Raw数据库里没有它的内置"配置文件"。

（2）可以借用相近的适马Sigma DG 15mm f/2.8镜头来校正此图像，并将"扭曲度"调至89，可以看到图像的畸变得到了有效的校正。

6. 几何校正图像透视倾斜的高级技法

图像透视倾斜的原因有很多种：相机与拍摄对象不在一个水平面上，向上倾斜或向下倾斜；摄影师的站位与拍摄对象成一定的夹角；相机本身不能水平面垂直；相机使用的镜头不合适等。不管什么原因，"几何"面板中的滑块都能对图像透视倾斜进行有效校正。

（1）在Camera Raw中打开案例图像，展开"几何"面板。

① 在校正图像透视倾斜前，先对图像应用"光学"面板中的"删除色差"和"使用配置文件校正"，人物身后管道边缘的蓝色镶边条纹被去除，校正了轻微的镜头畸变，有利于"Upright"模式更好地分析图像，更加精确地进行透视倾斜校正。

如果没有对图像应用"使用配置文件校正"，Camera Raw会在启用"几何"控件之前发出提醒。

② 如果先应用了"Upright"模式对图像进行透视倾斜校正，后对图像应用"使用配置文件校正"，Camera Raw会在"几何"面板中提醒，单击"更新"按钮，让"Upright"模式在镜头畸变校正后的基础上重新分析图像，纠正之前的错误。

③ 在"几何"面板中，有以下"Upright"模式，用于对图像进行自动修复透视和手动绘制参考线修复透视。应用"Upright"模式时，还可以手动修改"Upright"模式中的滑块设置，以便进一步校正图像。

关闭：禁用"Upright"模式。

自动：应用一组平衡的透视校正。

水平：应用透视校正以确保图像处于水平位置。

纵向：应用水平和纵向透视校正。

完全：应用水平、纵向和横向透视校正。

通过使用参考线：允许在图像中绘制两条或多条（最多4条）参考线，标示出需要与水平轴或垂直轴对齐的图像特征，进行自定义透视校正；至少要绘制两条以上参考线，透视倾斜效果校正才会显现。

（2）使用"Upright"中的"自动"模式，图像透视倾斜得到了完美的校正。

至于使用哪种"Upright"模式，没有固定的答案，用户可以逐一切换模式，直到得到满意的效果为止。一般"自动"模式比较常用，因为它能在水平和纵向中取得最佳平衡。

（3）勾选"限制裁切"复选框，图像中的透明像素会被自动裁剪。

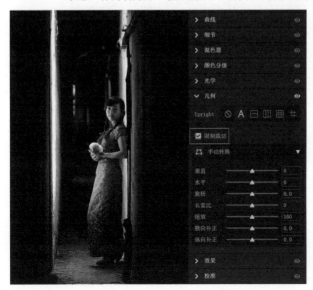

（4）应用"Upright"的"水平"模式，可确保图像处于水平位置。

（5）应用"Upright"的"纵向"模式，可对图像进行纵向透视校正。

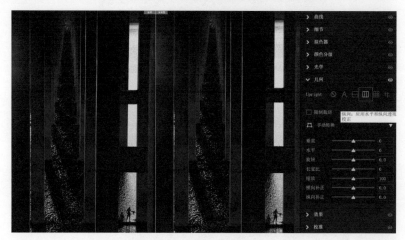

（6）应用"Upright"的"完全"模式，可对图像进行水平、纵向和横向透视校正。

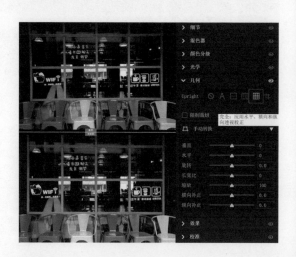

（7）当以上4个"Upright"模式的校正效果都不能令人满意时，可以手动绘制参考线对图像进行校正。

① 选择"Upright"的参考线模式（快捷键为Shift+T），鼠标指针在调整窗口中显示为瞄准器 ，从图像的垂直线起始点处拖曳出参考线。

要精确地绘制参考线，可以勾选"几何"面板中的"放大镜"复选框，用来协助绘制参考线。

② 当绘制第二条参考线时，Camera Raw才会对图像进行透视倾斜校正。

③ 当绘制第三条参考线时，就会彻底感受到参考线的"魔力"（当图像因"几何"校正产生较大透明像素时，不要勾选"限制裁切"复选框）。

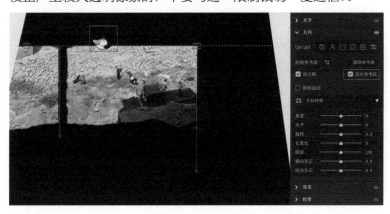

想观看校正后的效果，同时不想被参考线干扰，可以取消勾选面板底部的"叠加"复选框。

（8）当所有的"Upright"模式校正效果都不能令人满意时，可以使用面板中的7个校正滑块，对图像进行手动校正。

① 垂直：修正图像纵向的透视畸变。向左（右）拖曳滑块可以让图像中的景物前倾（后仰），达到校正的目的。

在Camera Raw中打开案例图像，拖曳"垂直"滑块至+60，图像中即时显示网格辅助线，图像得到了有效校正。

② 水平：修复水平方向上的透视倾斜。

下图所示的图像应用了"Upright"的"纵向"模式，但是图像横向偏右，将"水平"滑块拖曳至−8，图像被校正。

③ 旋转：调整图像水平倾斜角度，向左（右）侧拖曳滑块可以逆时针（顺时针）旋转图像。

Windows系统中按住Alt键（Mac系统中按住option键）即时显示网格辅助线，将"旋转"滑块拖曳至+1.2，图像被校正。

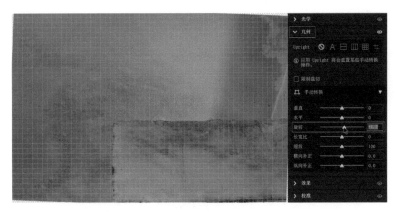

④ 长宽比：校正图像的长宽比。向左（右）拖曳滑块，图像会被横向拉长（纵向拉长）、变扁（变窄）。

先对图像应用"使用配置文件校正"，再对图像应用"Upright"的"完全"模式，观察发现图像仍存在一定的横向畸变。

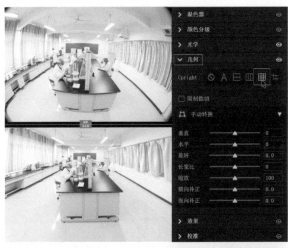

将"长宽比"滑块拖曳至+100，图像被横向拉长，变扁的畸变得到了校正。

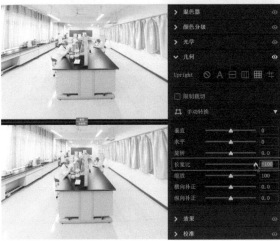

⑤ 缩放：控制图像放大或缩小。向左（右）侧拖曳滑块可以缩小（放大）视图。将"缩放"滑块拖曳至94，图像因校正处理，边缘被放大，舍弃的影像被召回。

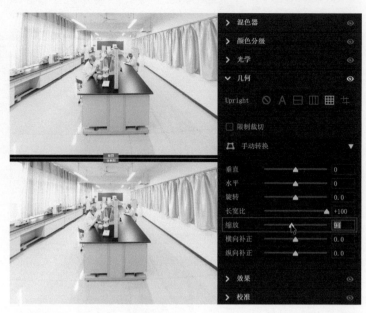

⑥ 横向补正：横向移动图像。
将"横向补正"滑块向右拖曳至+7.0，图像向右移动了一段距离。

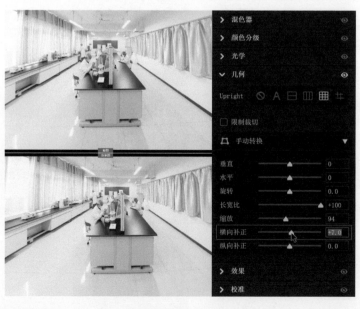

⑦ 纵向补正：纵向移动图像。
将"纵向补正"滑块向右拖曳至+3.0，图像向上移动了一段距离。

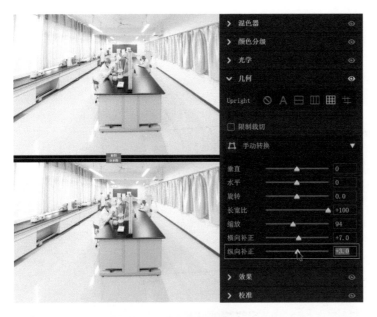

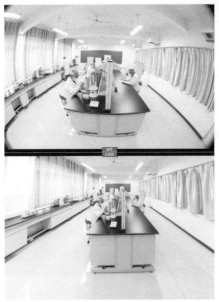

⑧ 校正前后效果对比如左图所示。

小结

　　1. 对于所有在Camera Raw中打开的图像，都要在"光学"面板中勾选"删除色差"和"使用配置文件校正"复选框对图像的色差、镜头畸变，以及晕影进行自动校正。即使图像中没有色差，也不会对图像产生任何伤害。所以在第一章第二节中介绍的"Raw默认设置"很重要。

　　2. 调整画笔去边法非常适合新手，该方法在图像出现小面积彩色镶边条纹时很好用，不易伤及图像周边颜色，不会出现调整过度现象，缺点是大幅度地增加了工作量。

　　3. "几何"面板中的"长宽比"滑块可以用于对人物进行瘦身。

第四节　消除图像中的红眼

红眼是使用相机闪光灯拍照，被拍摄者瞳孔放大而产生的视网膜泛红现象。在Camera Raw中清除图像中红眼的方法十分简单有效。

学习目的： 学习如何完美消除图像中的红眼。

一、去除人物的红眼

1. 在Camera Raw中打开案例图像，将图像放大到最佳调整位置，单击工具栏中"消除红眼"工具图标 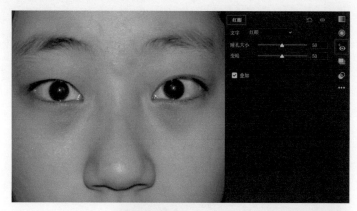（快捷键为Shift+E），"编辑"面板自动切换成"红眼"面板，可调节"瞳孔大小"值来增大或减小受"消除红眼"工具影响的区域；可调节"变暗"值来校正区域的明与暗。

2. 在红眼周围拖曳出包含眼睛的选区。

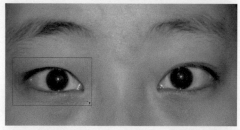

3. "消除红眼"工具出色地完成了去除红眼的任务。

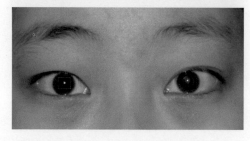

4. 这时，需取消勾选"叠加"复选框（暂时隐藏红色矩形和白色虚线矩形，查看后再将其重新勾选），查看红眼是否完全被去除。放大图像，发现虹膜上方还有淡淡的红色，将"瞳孔大小"滑块向右拖曳至63，虹膜上方的红色完全消失。将"变暗"滑块向右拖曳至63，使修复后的瞳孔边缘与周围融合。

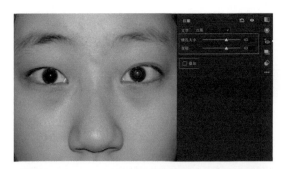

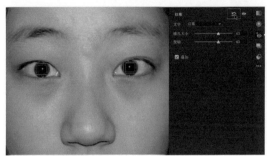

5. 用同样的方法去除左眼的红眼，红色矩形当前为可编辑状态，白色虚线矩形为关闭状态，单击即可激活。按Delete键删除当前操作，若要删除全部操作，可单击"红眼"面板顶部的"重置红眼校正"图标 🔙 。

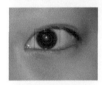

6. 如果在红眼周围拖曳出的选区较小，则工作量将加大（因为红眼不能全部消除）。

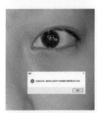

7. 如果拖曳出的选区很小，去除红眼工作将无法完成，需要再次进行处理。

二、去除宠物的红眼

1. 给宠物去除红眼时，在"文字"下拉菜单中选择"宠物眼"。

2. 去除宠物的红眼技法与去除人物红眼的相同，不要取消勾选"添加反射光"复选框，因为反射光可为宠物眼睛增添镜面高光的效果。

3. 如果取消勾选"添加反射光"复选框，宠物眼睛就会暗淡无神。

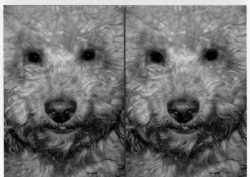

当图像模糊或背景虚化，"消除红眼"工具不能完美地消除红眼时，需要手动拖曳选区，协助消除红眼。

第五节　创建初始化快照——还原点

"快照"面板可以用于存储不同版本的Camera Raw任意时间的状态。也就是说，使用不同的Camera Raw版本，对图像所做的任何编辑、调整，都可以存储在"快照"面板里。通过"快照"面板，可以轻松地查看在不同时间段，对图像进行的各种编辑、调整效果。

学习目的： 了解创建初始化快照——还原点的重要性，养成创建快照的好习惯。

1. 对案例图像进行前面几节操作调整后，便可以在Camera Raw中为图像创建初始化快照——还原点。

该图像中的污点太多，去除污点工作耗时耗力，还需要对图像进行"光学"校正和"几何"校正，因此很有必要将调整后的初始效果存储为初始化快照。只要创建了初始化快照——还原点，以后重新调整图像时，便无须再重新进行以上操作。

2. 在Camera Raw界面的工具栏中，单击"快照"图标（如左图红色方框所示）。

3. "编辑"面板自动切换为"快照"面板，单击"创建快照"图标（如左图红色方框所示）（Windows系统的快捷键为Control+Shift+S，Mac系统的快捷键为command+shift+S）。

或者在"快照"面板中单击鼠标右键，在弹出的上下文菜单中选择"创建快照"。

4. 在弹出的"新建快照"对话框中，输入"还原点"名称，并单击"确定"按钮保存快照，该快照将显示在"快照"面板的列表中。

5. 如果创建了初始化快照——还原点后，又对图像进行了部分编辑调整，仅需在"快照"面板中相应的快照点处单击鼠标右键，在弹出的上下文菜单中选择"使用当前设置更新"更新还原点，亦可对其重新命名或删除。当鼠标指针悬停在创建的快照上时，即时显示"回收站"图标 ，单击该图标也可将对应快照删除。

6. 在"快照"面板中，可以为图像创建多个快照。但要单击"完成"或"打开"按钮，才能真正保存创建的快照。

████████ 小结

可以为图像创建多个快照，每个快照都详细地记录着对图像进行的所有编辑、调整，而创建的快照所占用的内存空间可以忽略不计，这是创建图像快照的一大优势。

第二章 创建图像初始化快照——还原点

第三章

基础调整工具
的高级使用技法

　　RAW格式是未经处理、未经压缩的格式。RAW格式文件是专业摄影师必用的格式文件，它完整地记录了数码相机传感器的原始信息，同时记录了相机拍摄时所产生的一些元数据，被形象地称为"数字底片"。

　　在Camera Raw中可以大幅度地对图像进行编辑调整，充分发挥RAW格式文件的包容度，所有的编辑调整都是非破坏性的，是真正意义上的无损调图，并且一键调图容易上手。当然，Camera Raw也可以调整JPEG或TIFF格式的文件。

第一节　裁剪与旋转工具的高级使用技法

在Camera Raw中对RAW格式文件进行裁剪时，可以随时修改裁剪决定或者保存几种裁剪方式（快照）；如果裁剪后的图像文件较小，可以在Camera Raw中扩展原始文件的大小，以满足输出、打印或参赛的要求。

学习目的： 熟悉并掌握"裁切并旋转"工具的各种使用技法。

一、拉直工具的高级使用技法

1. 全自动双击技法

在Camera Raw中打开案例图像（Windows系统的快捷键为Ctrl+R，Mac系统的快捷键为command+R），在工具栏中单击"裁切并旋转"工具图标 (快捷键为C)，"编辑"面板自动切换为"裁剪"面板。双击面板中的"拉直工具"图标 (快捷键为A)，Camera Raw会自动查找图像的水平线，自动拉直图像，并且"裁切并旋转"工具会快速做出最佳裁剪方案，在图像预览窗口中双击或按Enter键完成裁剪命令。

亦可单击"拉直工具"图标后，在图像任意位置上双击，完成拉直并裁剪命令；单击"裁切并旋转"工具图标后，按住Ctrl键（Mac系统下按住command键）可以暂时切换到"拉直工具"，在图像的任意位置上双击，完成拉直并裁剪命令。取消裁剪按Esc键。

2. 手动绘制法

当使用大光圈拍摄的图像或图像背景的线条呈现模糊状态时，Camera Raw无法自动查找图像的水平线，使用"拉直工具"不能完成拉直命令。因此需要手动绘制图像的水平线，协助完成拉直命令。单击"拉直工具"图标，在图像背景直线的一端按住鼠标左键并拖曳至图像背景直线的另一端，松开鼠标即可完成拉直并裁剪命令。

二、旋转图像高级技法

1. 在Camera Raw中打开案例图像，从工具栏中选择"裁切并旋转"工具，"编辑"面板自动切换为"裁剪"面板。

2. 单击"旋转和翻转"中的"逆时针（向左）旋转图像90度"图标⟲（快捷键为L），或者单击"顺时针（向右）旋转图像90度"图标⟳（快捷键为R），可以旋转图像。

3. 单击"垂直翻转图像"图标（如左图红色方框所示），实现图像垂直翻转。

4.单击"水平翻转图像"图标 ◄，实现图像水平翻转（倒影里的文字正像了）。

三、裁剪工具的高级使用技法

1. 在Camera Raw中打开案例图像，从工具栏中单击"裁切并旋转"工具图标，"编辑"面板自动切换为"裁剪"面板。

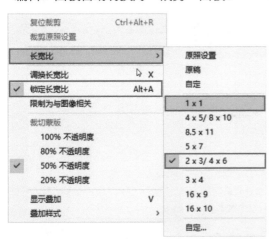

（1）在预览图像中单击鼠标右键，在弹出的上下文菜单中，可以选择"长宽比"子菜单，设置裁剪预设比例；也可以取消勾选"锁定长宽比"复选框，进行自由裁剪图像。

（2）或者在"裁剪"面板中，展开"长宽比"下拉菜单，选择裁剪预设比例。

（3）选择裁剪比例后，若要调换长宽比例，可以用鼠标右键单击预览图像，在弹出的上下文菜单中选择"调换长宽比"。还可以依据个人喜好选择"裁切蒙版"的不透明度。

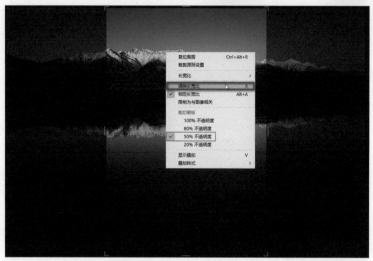

（4）勾选"显示叠加"复选框，辅助线会显示在裁剪框中；在"叠加样式"子菜单中，可以依据个人喜好选择辅助线的叠加样式，例如"三分法则"叠加样式，如下图所示。

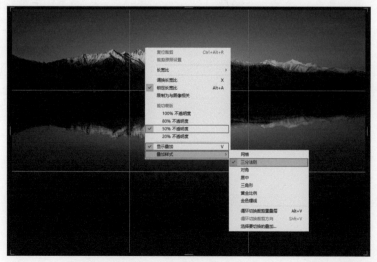

（5）勾选"裁剪"面板中的"限制为图像相关"复选框，防止将裁剪区域扩展到因镜头校正或接片产生的透明像素处（如果某些透明像素需要在Photoshop中填充修补，则取消勾选此复选框）。取消勾选右键上下文菜单中的"锁定长宽比"复选框（Windows系统的快捷键为Alt+A，Mac系统的快捷键为option+A），或者单击"裁剪"面板中的"限制纵横比"图标 🔒，可以实现自由的裁剪。

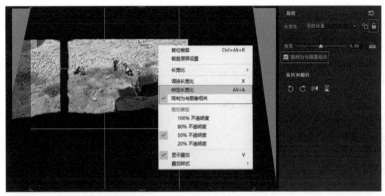

2. 在自由裁剪模式下，按住鼠标左键并拖曳（如果同时按住Shift键可限制当前的裁剪比例），松开鼠标后图像中灰暗的区域将被舍弃。

在选择裁剪比例时，拖曳鼠标指针时保持裁剪边框锚点方向，可改变裁剪横竖比例；Windows系统中按住Shift+Alt快捷键（Mac系统中按住shift+option快捷键）并拖曳裁剪边框锚点，可实现以图像中心为圆点，向周边扩展或收缩裁剪区域。

3. 裁剪时（裁剪长宽比为1:1），可以在裁剪边框四角的锚点上缩放或旋转裁剪图像（单击"裁剪"面板中的"角度"滑块，也可旋转裁剪方向），在裁剪区域按住鼠标左键并拖曳可以移动裁剪范围。

4. 在图像预览中单击鼠标右键，在弹出的上下文菜单中，选择"长宽比"，并选择裁剪预设比例为"自定"，可以将图像裁剪成更多传统经典胶片的尺寸，或更加个性化的尺寸（案例图像中输入的裁剪比例为17：6）。或者在"裁剪"面板中，展开"长宽比"下拉菜单，选择裁剪预设为"自定"，自定的裁剪"长宽比"将自动保存在裁剪预设里。

5. 按Enter键或在图像上双击可确定裁剪；取消裁剪可按Esc键，或者在预览图像中单击鼠标右键，在弹出的上下文菜单中选择"复位裁剪"，亦可在"裁剪"面板中单击"复位裁剪"图标 （Windows系统的快捷键为Ctrl+Alt+R，Mac系统的快捷键为command+option+R）。

6. 单击"完成"或"打开"按钮进入Photoshop，裁剪后的图像将被保存，Bridge中的缩览图和预览图都会做出相应的更新。

小结

初学者在使用"裁切并旋转"工具对图像进行裁切时，最好选择"裁剪"面板里提供的内置裁剪比例。

第二节　白平衡工具的高级使用技法

相机能准确地记录拍摄场景的光照色温，在光线灰暗的场景中或室内拍摄时，图像的白平衡往往会出现记录不准确的情况。例如，在室内日光灯色温下，图像会偏绿，阴影处会偏蓝；在钨丝灯光照下，图像会偏黄；而在舞台拍摄时，由于多种光线的反射，图像会呈现更多的色彩。由于RAW格式文件完整地记录了图像的所有颜色和明度信息，所以在Camera Raw中可以轻松校正白平衡。

学习目的： 熟悉并掌握白平衡工具的高级使用技法。

一、"白平衡工具" 校正技法

使用"白平衡工具"校正图像中的偏色，既快捷又准确。只要图像中存在黑色、白色或中性灰色，"白平衡工具"就能发挥它强大的校正能力。Camera Raw依据拍摄场景的光线颜色，自动对场景光照进行调整，并指定选取点为黑色、白色或中性灰色。

1. 在Camera Raw中打开案例图像，展开"基本"面板（Windows系统的快捷键为Ctrl+1，Mac系统的快捷键为command+1），单击面板右上角的"白平衡工具"图标 （快捷键为I），鼠标指针即时切换成"白平衡工具"图标形状。

2. 图像背景中的火车头是黑色，地毯是灰色，距离灯光光源最近端为白色。使用"白平衡工具"在火车头黑色处按住鼠标左键并拖曳出一个颜色样本选区，松开鼠标，图像的白平衡得到了很好的校正。如果对校正效果不满意，可以移动选取点重新校正，直到满意为止。

3. 若要取消白平衡校正，只需双击"白平衡工具"图标 ⚲ 即可（推荐使用）；亦可在"基本"调整面板中，展开"白平衡"下拉菜单，选择"原照设置"。

4. 单击"白平衡工具"图标并在图像预览窗口中单击鼠标右键，可即时访问"白平衡"控件的内置预设选项，或者取消白平衡校正。

二、利用控件内置预设校正白平衡技法

"白平衡"控件位于"基本"面板顶部，其内置预设如下。

① 原照设置：依据相机拍摄时嵌入图像元数据条目中的光照色温校正白平衡。

② 自动：依据图像元数据条目中的光照色温，Camera Raw 通过计算自动校正白平衡。

③ 日光：基于日光光照色温校正白平衡。

④ 阴天：基于阴天光照色温校正白平衡。

⑤ 阴影：基于阴影光照色温校正白平衡。

⑥ 白炽灯：基于白炽灯光照色温校正白平衡。

⑦ 荧光灯：基于荧光灯光照色温校正白平衡。

⑧ 闪光灯：基于闪光灯光照色温校正白平衡。

⑨ 自定：对色温、色调的个性化手动调整。

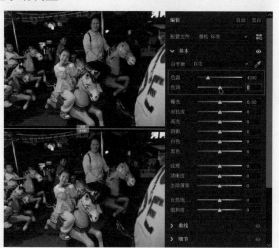

1. 在 Camera Raw 中打开案例图像，展开"基本"面板，选择"白平衡"内置预设"自动"，Camera Raw 自动计算校正白平衡。

对图像进行白平衡校正有一种炫酷的技法：按住Shift键，在"色温""色调"滑块上双击。其效果等同于"自动"。

2. 案例图像选用内置预设"荧光灯"，虽然光照色温和拍摄情景不符合，但校正效果能够有效表达摄影师的拍摄意图。

3. 在校正JPEG、TIFF或HEIC格式文件时，"白平衡"控件内置预设只有"自动"可用，用户可以手动调整"色温""色调"滑块对图像进行白平衡校正。但是，此时的滑块不是实温（2000K～50000K）调整滑块，而是以范围为–100～+100的近似刻度来代替温标。

① 色温：向左拖曳滑块，可给图像添加冷色调减少暖色调；向右拖曳滑块，可给图像添加暖色调减少冷色调。

② 色调：向左拖曳滑块，可给图像添加绿色色调减少洋红色色调；向右拖曳滑块，可给图像添加洋红色色调减少绿色色调。

（1）在Camera Raw中打开案例图像，展开"基本"面板，将"色温"滑块拖曳至–31，减少暖色调添加冷色调。

（2）图像有点偏绿，将"色调"滑块拖曳至+6，减少绿色色调添加洋红色色调，完成手动白平衡校正。

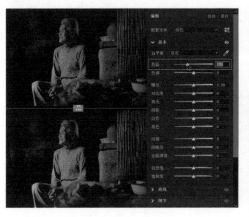

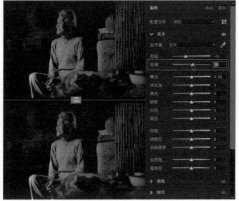

4. 个性化白平衡校正技法。

（1）将案例图像的"色温"滑块拖曳至6050、"色调"滑块拖曳至+37，有意强化暖色调，使图像散发出爱的气息。（在"白平衡"控件内置预设中选择"原照设置"，或双击"白平衡工具"图标，可取消白平衡校正。）

（2）将案例图像的"色温"滑块拖曳至4600，有意强化冷色调，给图像添加神秘的气氛。

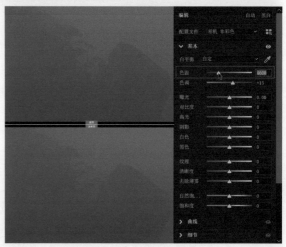

小结

正常的色温设置未必能进行有效的视觉传达，有时需要编辑效果才能有效表达摄影师的拍摄意图，从而和观者产生情感互融、思维共鸣。

第三节　基础调整工具的使用技法

对于Camera Raw的新手来说，面对"基本"面板中如此多的控件滑块，有时会不知所措。为协助读者轻松地掌握这些滑块的用法，本节先不谈各个控件滑块的具体作用，而是先推荐3种炫酷的调图方式。

学习目的： 学习并掌握"基本"面板的各种高级使用技法。

一、"自动"调图法

在Camera Raw中打开案例图像，在"编辑"面板中，单击"自动"按钮（Windows系统的快捷键为Ctrl+U，Mac系统的快捷键为command+U）。

Camera Raw将读取图像的元数据信息，对图像的影调和色调进行分析，并对"影调"和"色调"滑块做出相应的调整（"纹理""清晰度""去除薄雾"滑块需手动调整），再次单击"自动"按钮可取消调整编辑。

二、"半自动"调图法

Camera Raw会读取图像的元数据信息，对"基本"面板中滑块对应的参数进行，并命令滑块做出相应的调整，效果一定比"自动"调图法的好，更加炫酷。

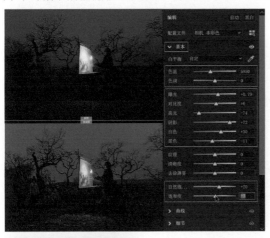

1. 展开"基本"面板，整个面板的滑块，除了"清晰度"和"去除薄雾"不可双击外，对其余滑块按住Shift键并逐一双击，图像将发生明显变化。

2. 若要使单个滑块恢复默认值，可在对应滑块上双击；若要使"基本"面板中的所有滑块都恢复默认值，Windows系统中按住Alt键（Mac系统中按住option键），"基本"面板即时切换成"复位基本"面板，单击"复位基本"即可。

三、"混搭"调图法

"混搭"调图法，就是在"自动"调图法的基础上，再对"基本"面板中的"白色"和"黑色"滑块应用"半自动"调图法。对这两个滑块使用"半自动"调图法时，调整效果尤为突出。

1. 在 Camera Raw 中打开案例图像，展开"几何"面板，选择"自动"模式对图像进行平衡的透视校正。

2. 先对图像应用"自动"调图法，单击"自动"按钮。

3. 展开"基本"面板，按住 Shift 键，在"白色"和"黑色"滑块上双击，"白色"由 +44 修正为 +48，"黑色"由 −19 修正为 −27，调整后的视觉效果更优。

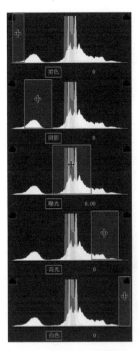

四、"基本"面板中各滑块的工作原理

开启"手动"调整模式，除了需要对图像有调整前的构思，还需要详细了解"基本"面板中各控件的工作原理。

1. 调整控件影响直方图对应区域图析

（1）从直方图对应区域图析中，可以看到调整滑块将主要影响直方图的实际区域。

（2）Camera Raw 允许在直方图上直接对图像进行影调调整（在直方图相应区域按住鼠标左键并左右拖曳），除了可以改善图像的效果外，还可以让使用者详细了解各滑块的工作原理和相互关系。

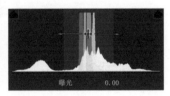

2. "基本"面板中滑块的工作原理

（1）影调控件滑块的工作原理

① 曝光：调整整体图像亮度。它很像相机里的曝光补偿，如果图像过暗，就增大曝光值；如果图像过亮，则减小曝光值。

② 对比度：增大或减小图像的反差，主要影响中间调。提高对比度，中到暗图像区域会变得更暗，中到亮图像区域会变得更亮。降低对比度对图像色调的影响相反。

③ 高光：调整图像的明亮区域。向左拖曳滑块可使高光变暗恢复高光细节，向右拖曳滑块可使高光变亮并逐渐失去高光细节。

④ 阴影：调整图像的黑暗区域。向左拖曳滑块可使阴影变暗，向右拖曳滑块可使阴影变亮并恢复阴影细节。

⑤ 白色：调整对白色的修剪。向左拖曳滑块可减少对高光的修剪，向右拖曳滑块可增加对高光的修剪。

⑥ 黑色：调整对黑色的修剪。向左拖曳滑块可使黑场更黑，向右拖曳滑块可减少对阴影的修剪。

⑦ 纹理：增强或减弱图像中出现的纹理。向左拖曳滑块可抚平细节，向右拖曳滑块可突出细节。调整"纹理"滑块时，颜色和色调不会更改。

⑧ 清晰度：通过提高局部对比度来增加图像的深度，对中间色调的影响最大。它类似于曲线调反差，但是它把图像分成多个小组分别进行精确调整。调整时，最好将图像放大至100%，要使图像的视觉冲击力更强，可增大数值，直到在图像的边缘细节附近看到光晕再略微减小数值；减小数值时，对图像视觉冲击力的影响与增大数值的相反。

⑨ 去除薄雾：增减图像中薄雾或雾气的量。

（2）色调控件滑块的工作原理

① 自然饱和度：对原饱和度较高的颜色影响较小，对原饱和度较低的颜色影响较大。

② 饱和度：均匀地调整图像中所有颜色的饱和度。

3.选择处理图像的方式

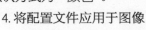

"编辑"面板位于调整面板顶部，可以选择处理图像的方式（"自动"或"黑白"），处理图像的默认方式为"颜色"。

4.将配置文件应用于图像

（1）配置文件可以在图像中渲染颜色和色调。"配置文件"中提供的配置文件旨在为进行图像编辑提供一个起始点或基础，默认配置文件为"Adobe颜色"（如果在第一章第二节进行了"Raw默认设置"设置，则默认配置文件为相机拍摄时颜色渲染匹配的设置）。

（2）单击右侧的"浏览配置文件"图标 ，可以切换至"配置文件"面板查看全部配置文件。单击"配置文件"面板左上角的"后退"，可返回"编辑"面板。

在"配置文件"面板中，展开任意配置文件组可以查看对应组内可用的配置文件。可以选择"列表"或"网格"（应用效果缩览图）方式查看配置文件，还可以按类型（"颜色"或"黑白"）来过滤出要显示的配置文件。

（3）Camera Raw工程师苦心对各种相机进行了无数次的测试，力求获取完美的相机光谱响应曲线，使图像的色彩得到最佳的呈现——"Adobe Raw"配置文件（极力推荐）。

（4）每款相机拍摄的图像都有自己独特的"脸谱"，并配有相机制造商默认的颜色渲染匹配设置——"Camera Matching"相机配置文件。使用"Camera Matching"配置文件，可以让Camera Raw更加准确地解析与相机制造商软件所应用的默认颜色渲染匹配的设置，还会匹配默认相机JPEG格式文件的渲染（极力推荐）。

（5）相机不同，"Camera Matching"配置文件也不尽相同；同一品牌的相机因型号不同，配置文件也有差异。

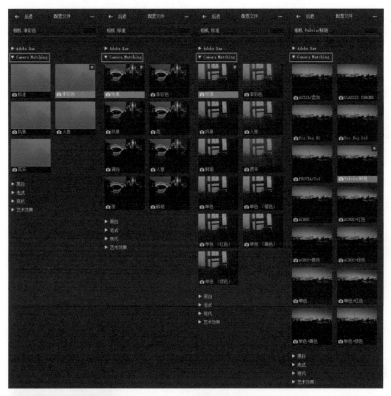

（6）配置文件有"老式"组，这是Camera Raw为了照顾老用户而保留的配置文件。如果Camera Raw将这些早期配置文件舍弃，那么老用户的原始文件在Camera Raw中打开时会出现因找不到相机配置文件而产生图像问题的情况。这是Camera Raw为了保持向后兼容性而做出的选择。

（7）具体选用哪种配置文件确实没有固定的答案，适合的才是最佳的。需要提醒读者注意的是：要在正常曝光的前提下去选用配置文件。

第三章 基础调整工具的高级使用技法

五、"个性化"手动调整法

"个性化"手动调整法就是依据个人经验，将图像调整成符合自己主观表达的一种编辑调整技法。

案例一

1. 在Camera Raw中打开案例图像。调整夜景图像时，先要处理好高反差影调的问题，再渲染图像的色调。分析图像时，要明确图像的主体、陪体、前景、背景，才能在后期的调整中，呈现较好的预期与有效的视觉传达效果。

展开"几何"面板，选择"Upright"模式中的"自动"模式，图像透视倾斜得到了完美的校正。

2. 切换到"配置文件"面板，在"Adobe Raw"组别中选择"Adobe鲜艳"，单击"后退"，返回"编辑"面板（双击配置文件可直接后退，推荐使用双击后退法）。

3. 图像的中间调偏低，展开"基本"面板，将"曝光"滑块拖曳至+2.05。

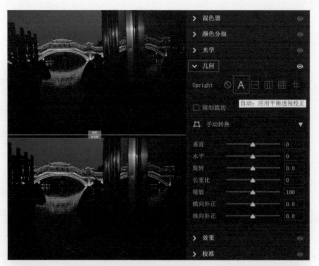

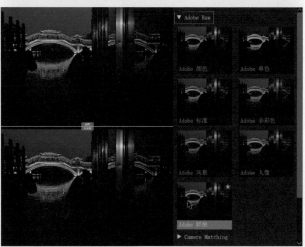

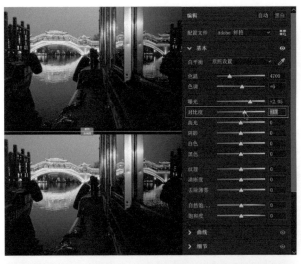

4. 图像的中间调有灰度，将"对比度"滑块拖曳至+17。

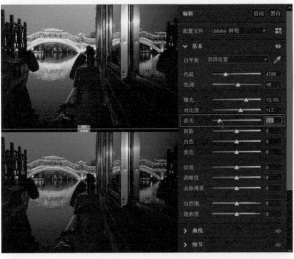

5. 图像的高光区域偏亮，将"高光"滑块拖曳至−71，恢复高光的细节。

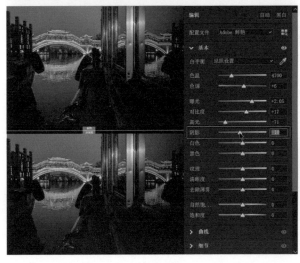

6. 图像的暗部区域为陪体，不需要展现更多的细节，将"阴影"滑块拖曳至−10。

7. 将"白色"滑块拖曳至+21，使主体的最亮区域明亮起来，形成视觉中心。

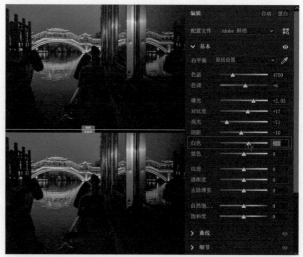

8. 图像的阴影区域出现大面积警告剪切，将"黑色"滑块拖曳至+25，消除阴影剪切警告。

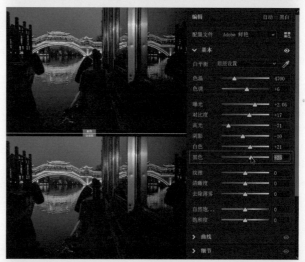

9. 将"纹理"滑块拖曳至+21，增加图像的纹理细节。

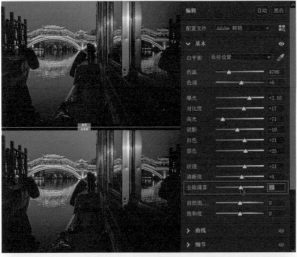

10. 将"清晰度"滑块拖曳至 +8，增大图像中间调的反差，使主体具有视觉冲击力（当大幅度增大"清晰度"值时，图像会出现清晰锐利的边缘。因此一定要将图像放大至100% 再进行调整，防止图像边缘出现白色晕影）。

11. 将"去除薄雾"滑块拖曳至 +5，使图像更加通透。

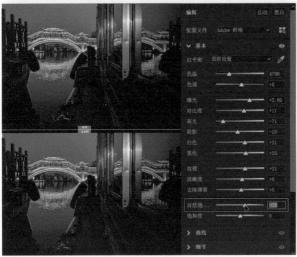

12. 将"自然饱和度"滑块拖曳至 +20，使冷色调丰满起来。冷色调因原饱和度较低，而增加的饱和度最高，暖色调因原饱和度较高，受到抑制，饱和度增加得较少，这正是"自然饱和度"的神奇魅力所在。

13. 将"饱和度"滑块拖曳至+10，提高图像整体的饱和度。

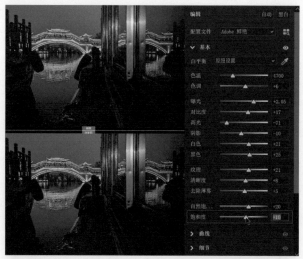

14. 将"色温"滑块拖曳至5850，图像中的暖色调加深。

15. 将"色调"滑块拖曳至+10，图像中的绿色色调减少，洋红色色调增加。

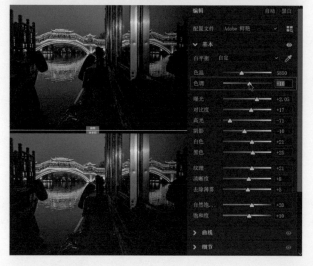

16. Windows 系统中按住 Alt 键（Mac 系统中按住 option 键）并单击"曝光"滑块，查看图像的阈值，发现极少区域出现高光剪切警告，由于灯光处本身没有细节，因此，这是合理的。

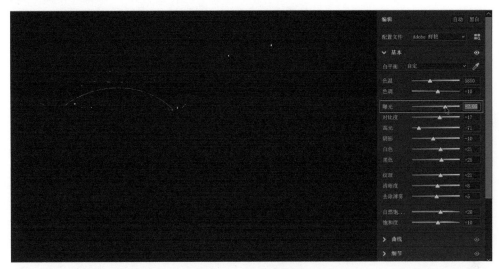

17. Windows 系统中按住 Alt 键（Mac 系统中按住 option 键）并单击"黑色"滑块，查看图像的阈值，发现极少区域出现阴影剪切警告，由于它们是图像中最暗的区域，因此，这也是合理的。

案例二

　　调整反差较大的图像时，要先处理好主体和陪体的影调问题（明暗对比），再渲染图像的色调（冷暖对比）。

1. 切换至"配置文件"面板，在"Camera Matching"组别中双击"写实"。

2. 图像主体较暗，展开"基本"面板，将"曝光"滑块拖曳至+0.30。

3. 图像的中间调有点灰度，将"对比度"滑块拖曳至+5。

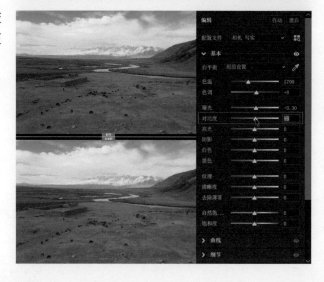

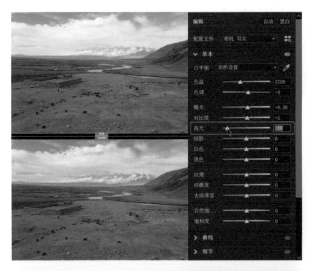

4. 天空高光区域的细节流失，将"高光"滑块拖曳至-80，恢复高光的细节。

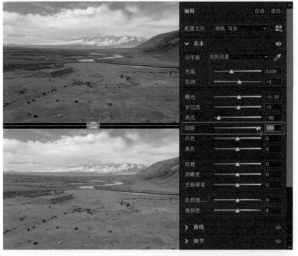

5. 主体区域较暗，明度不够，将"阴影"滑块拖曳至+89。

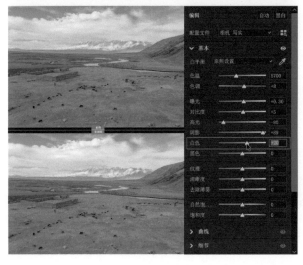

6. 将"白色"滑块拖曳至+20，使主体中的最亮区域明亮起来，增强立体感。

7. 图像整体偏灰，将"黑色"滑块拖曳至-42。

8. 将"纹理"滑块拖曳至+21，增加图像的纹理细节。

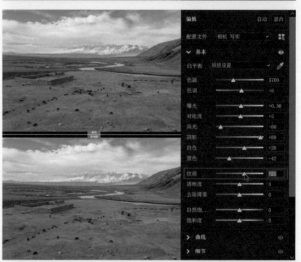

9. 将"清晰度"滑块拖曳至+4，提高图像中间调的对比度，使主体具有张力。

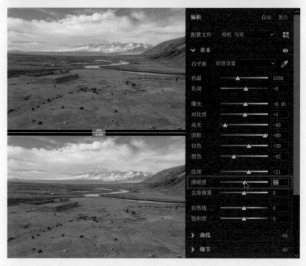

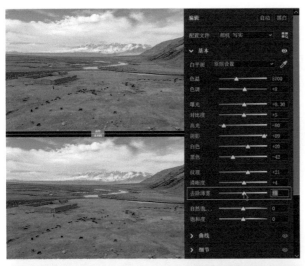

10. 将"去除薄雾"滑块拖曳至 +5，去除图像中轻微的灰度。

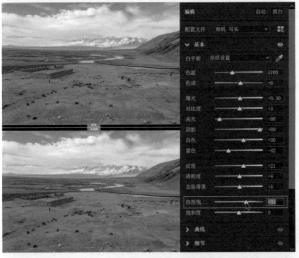

11. 将"自然饱和度"滑块拖曳至 +31，使不饱和的冷色调丰满起来。

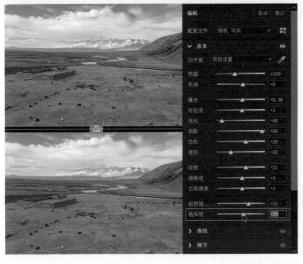

12. 将"饱和度"滑块拖曳至 +10，提高图像整体的饱和度。

六、"压黑提白"调图法

当图像主体处在光影之中，陪体处于阴影之中时，可以使用"压黑提白"调图法，反之亦可。压黑就是降低"曝光"值，提白就是提高"白色"值。

1. 主体处在光影之中

（1）在Camera Raw中打开案例图像，切换至"配置文件"面板，在"Camera Matching"组别中选择"风景"，单击"后退"，返回"编辑"面板。

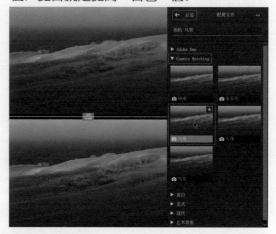

（2）展开"基本"面板，将"曝光"滑块拖曳至-5.00，即压黑。

（3）将"白色"滑块拖曳至+88，即提白。

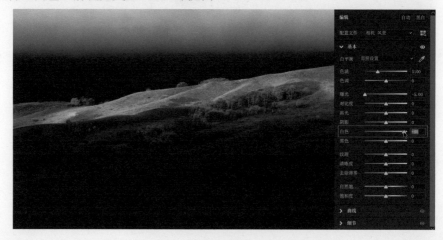

（4）将"纹理"滑块拖曳至+36，彰显出图像中的纹理和细节。

（5）将"清晰度"滑块拖曳至 +15，增大图像中间调的反差，使图像的纵深感增强。但数值不宜过大，不然阴影区域会活跃起来。

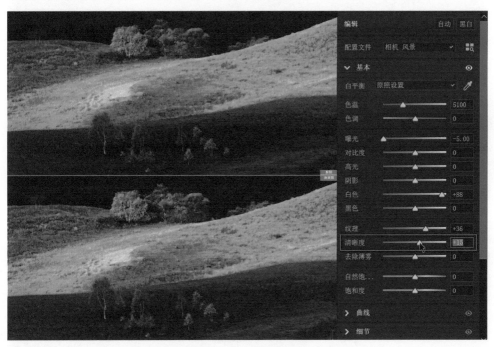

（6）将"自然饱和度"滑块拖曳至+36，让图像中的色彩更丰富。

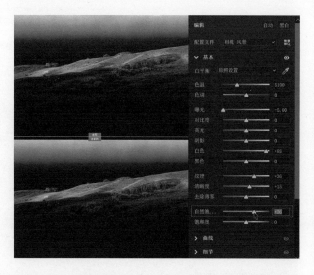

（7）将"饱和度"滑块拖曳至+10，提高图像整体色彩的饱和度。

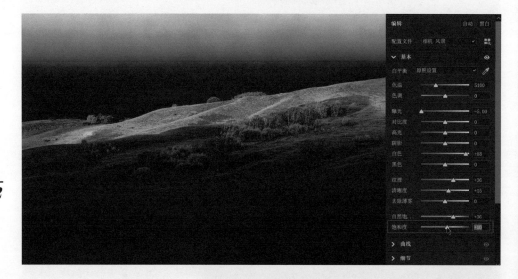

2. 主体处在阴影之中

（1）案例图像的主体处于阴影之中，陪体在光影之中，符合"压黑提白"调图法的原则。

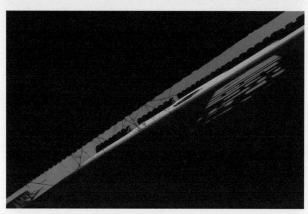

（2）将"曝光"滑块拖曳至–5.00，让主体彻底处于阴影之中。

（3）将"白色"滑块拖曳至+85，让图像黑白分明，主体突出。

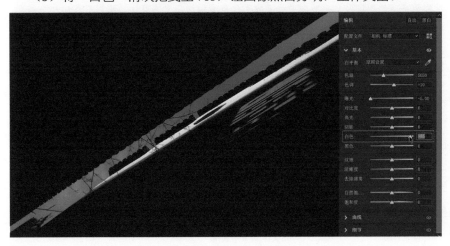

（4）背景中蓝色饱和度过高，影响主体的表达。切换至"配置文件"面板，在"Camera Matching"组别中选择"非彩色"，完成调整。

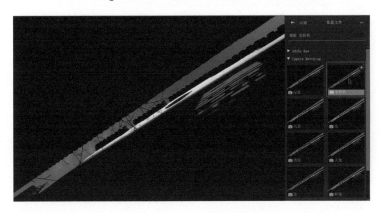

1.调整曝光的一般的规律是：减小"曝光"值，减小"对比度"值，增大"阴影"值；增大"曝光"值，增大"对比度"值，减小"阴影"值（高反差的图像除外）。这样调整出来的图像不干涩，营造肉眼看到的真实感（反差）。

2.去除图像中的灰度的方法如下。

（1）增大"对比度"值。

（2）减小"阴影"值。

（3）减小"黑色"值。

（4）增大"清晰度"值。

（5）增大"去除薄雾"值。

其中增大"去除薄雾""对比度""清晰度"值比较常用。

3.图像对比度较高（干涩）的调整方法和去除图像中的灰度的方法相反。

4.调整以色彩为主的图像时，"自然饱和度"滑块是制胜法宝。

5.调整影调丰富的图像时，要时刻关注直方图，尽量做到高光不剪切，阴影不剪切；当高光、阴影剪切警告存在但合理时，不必理会，否则会影响图像整体的视觉表达。

第四节　目标调整工具的高级使用技法

目标调整工具是Camera Raw中的影调和色调调整工具，它包含"参数曲线""点曲线""色相""饱和度""明亮度""黑白混合"控件，可以控制"混色器""曲线""黑白混色器"调整面板的全部控件。目标调整工具是摄影师和后期制作者最喜爱的调整工具之一，可以实现对图像色彩的精准把控和对影调的细微调整。

学习目的： 学习并掌握如何使用目标调整工具对图像进行编辑调整。

一、"混色器"高级使用技法

目标调整工具隐藏在"曲线"面板和"混色器"面板顶部，单击"目标调整工具"图标 （快捷键为T），在图像中单击鼠标右键，弹出目标调整工具的上下文菜单。

目标调整工具中各控件的工作原理如下。

① 参数曲线和点曲线：作用类似于Photoshop中的曲线调整，但其操作更简单、快捷。

② 色相：更改颜色。

③ 饱和度：更改颜色的鲜明或纯净程度。

④ 明亮度：更改颜色范围的亮度。

⑤ 黑白混合：控制指定区域颜色范围在明度中的亮与暗（选择黑白处理方式，控件方可激活）。

案例一

案例图像要体现出民族服装的特色，由于人物头上的围巾不具有地方特色，所以要做弱化处理。

1. 在Camera Raw中打开案例图像，切换至"配置文件"面板，在"Adobe Raw"组别中选择"Adobe 人像"，增强图像的影调效果，单击"后退"，返回"编辑"面板。

2. 在"基本"面板中做如下设置："色温"值为5300、"色调"值为+13、"曝光"值为+0.45、"对比度"值为+5、"高光"值为–62、"阴影"值为–5、"白色"值为+8、"黑色"值为–3、"纹理"值为+10、"清晰度"值为+10、"自然饱和度"值为+9。

3. 在工具栏中单击"污点去除"工具图标，"编辑"面板自动切换成"修复"面板，在"修复"模式下，设置"羽化"为0，"不透明度"为100，调整好画笔大小，去除天空中的污点。

4. 展开"混色器"面板（Windows 系统的快捷键为 Ctrl+4，Mac 系统的快捷键为 command+4），单击"目标调整工具"图标，在图像中单击鼠标右键，弹出目标调整工具的上下文菜单，选择"色相"，"混色器"面板会自动切换并显示相应的选项卡。

5. 在围巾上按住鼠标左键并向左拖曳直至"紫色"值为–65、"洋红"值为–8，围巾的颜色发生了改变，融合在背景中，围巾被弱化。按住鼠标左键向右（上）拖曳会增大滑块的数值；向左（下）拖曳会减小滑块的数值，相近颜色的滑块位置也将随之改变。

在选取点上按住鼠标左键并拖曳，是最精确的查找颜色的方式，Camera Raw 知道选取点内每种颜色的百分比（肉眼无法分辨）。

6. 在图像中单击鼠标右键，弹出目标调整工具上下文菜单，选择"饱和度"，在同一选取点按住鼠标左键并向左拖曳直至"紫色"值为–16、"洋红"值为–2，围巾的饱和度降低，再次被弱化。

7. 在图像中单击鼠标右键，弹出目标调整工具上下文菜单，选择"明亮度"，在同一选取点按住鼠标左键并向左拖曳直至"紫色"值为–7、"洋红"值为–1，围巾的明亮度降低，被完全弱化，突出了主体。

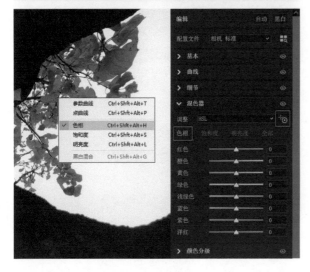

案例二

案例图像中树叶的黄色不足，可以使用目标调整工具将图像变成深秋拍摄的画面效果。

1. 在Camera Raw中打开案例图像，展开"混色器"面板，选择"目标调整工具"，在图像中单击鼠标右键，弹出目标调整工具上下文菜单，选择"色相"，"混色器"面板会自动切换并显示相应控件选项。

2. 使用目标调整工具在偏绿的叶子上单击，并向左拖曳鼠标光标直至右侧"混色器"面板中的"黄色"值为–100，继续向左拖曳直至"绿色"值也变为–100，偏绿的叶子变成了黄色。

3. 在图像中单击鼠标右键，弹出目标调整工具上下文菜单，选择"饱和度"，在同一选取点按住鼠标左键并向右拖曳直至"黄色"值为+92、"绿色"值为+16，黄色的色彩强度增强。

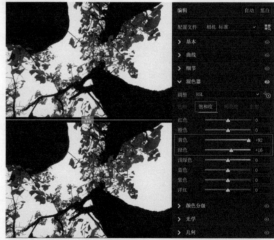

4. 在图像中单击鼠标右键，弹出目标调整工具上下文菜单，选择"明亮度"，在同一选取点按住鼠标左键并向右拖曳直至"黄色"值为+100、"绿色"值为+100，图像中的黄色变得明亮起来。

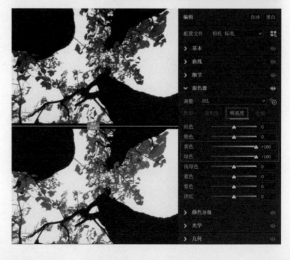

5. 偏绿的叶子包含黄色和绿色，而偏黄的叶子包含黄色和橙色。所以，如果想把叶子调整成金黄色，还需要单独调整橙色。

展开"混色器"面板中的"调整"下拉菜单，选择"颜色"，切换到颜色调整面板，单击橙色并做如下设置："色相"设为 -43、"饱和度"设为 +37、"明亮度"设为 +100。叶子彻底被渲染了，变成了深秋的颜色。

单击"混色器"面板中的"全部"选项卡，可以将色彩三要素"色相""饱和度""明亮度"同时在面板中依次展开。

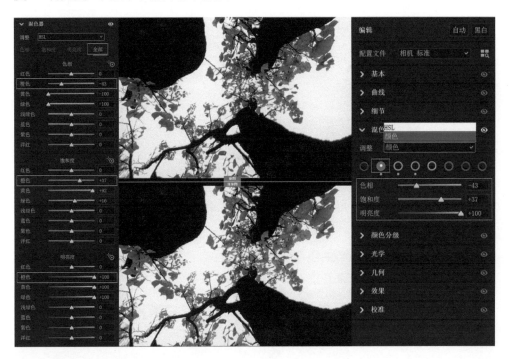

二、"参数曲线"的高级使用技法

使用目标调整工具中的"参数曲线"调整影调十分便捷，特别适合 Camera Raw 的新手。

参数曲线有 4 个调整滑块，分别是："高光""亮调""暗调""阴影"。参数曲线编辑器下面的分离点滑块可以扩展或收缩曲线区域范围。"亮调"和"暗调"滑块主要影响曲线的中间区域，"高光"和"阴影"滑块主要影响色调范围的两端。

1. 在 Camera Raw 中打开案例图像，切换到"配置文件"面板，在"Adobe Raw"组别中选择"Adobe 鲜艳"，单击"后退"，返回"编辑"面板。

2. 展开"曲线"面板,选择"目标调整工具",在图像中单击鼠标右键并在弹出的上下文菜单中选择"参数曲线"。在参数曲线编辑器中对图像进行反差调整。在天空高光区域按住鼠标左键并往下拖曳,直至"高光"值为–52,以压暗天空(在

天空高光区域按住鼠标左键并往上拖曳可以提亮天空;也可以直接在参数曲线编辑器中拖曳调整滑块)。直接拖曳调整滑块应用效果,操作更方便。

3. 亮调区域明度值不够，反差很弱，需要提升明度值。在岩石亮调区域按住鼠标左键并往上拖曳，直至"亮调"值为+29，光照区域被提亮，反差增强。

4. 暗调区域较暗，需要提升明度值。在图像前景暗调区域按住鼠标左键并往上拖曳，直至"暗调"值为+41，暗调区域被提亮。

5. 阴影区域较亮, 反差较低。在阴影区域按住鼠标左键并往下拖曳, 直至"暗调"值为-27, 阴影区域被压暗, 反差增强。

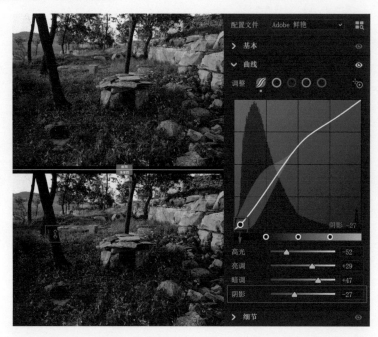

6. 阴影区域整体还不够明亮, 在参数曲线编辑器下面调整左侧的分离点滑块, 扩展阴影区域的调整范围, 使其由默认的25降至10 (最大降幅值), 阴影区域亮度被提升。

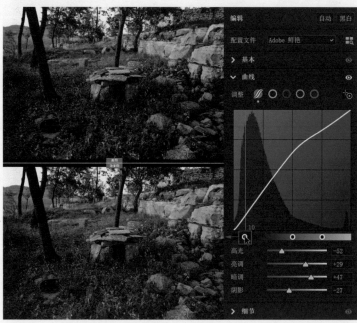

7. 图像的中间调也不够明亮，在参数曲线编辑器下面调整中间的分离点滑块，扩展中间调的调整区域，使其由默认的50降至39（最大降幅值），中间调亮度被提升。

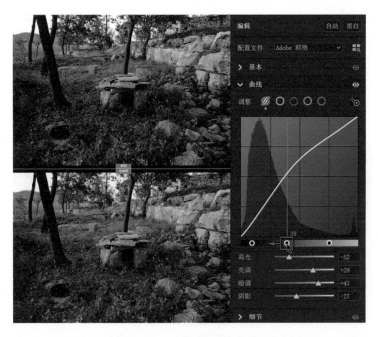

8. 使用"参数曲线"调整前后效果对比如下图所示。

小结

1. 目标调整工具的功能强大、操控性很强。优点是简单、快速、精准、有效，缺点是对画面整体进行调整。

2. 参数曲线将图像的影调分为"高光""亮调""暗调""阴影"4个区域，是区域性的联动调整。

第三章 基础调整工具的高级使用技法

第五节 "点曲线"的高级使用技法

在Camera Raw中，"点曲线"是影调和色调调整的重要工具，是"基本"调整面板编辑后的强力补充，更是主观调色的首选工具之一。

学习目的： 学习如何使用"点曲线"对图像进行影调和色调的精细调整。

一、初步认识"点曲线"

1. 在"点曲线"编辑器中（Windows系统的快捷键为Ctrl+2，Mac系统的快捷键为command+2），水平轴表示原始色调值（输入值），其中最左端表示黑色，越靠近右端色调亮度越高。垂直轴表示更改后的色调值（输出值），其中最底端表示黑色，越靠近顶端色调亮度越高，最顶端表示白色。输出值高于输入值时，影调变亮，反之影调变暗。

2. 在"点曲线"编辑器上方依次排列着"RGB"通道（合成通道）、"红色"通道、"绿色"通道、"蓝色"通道，可对影调和色调进行精细调整。

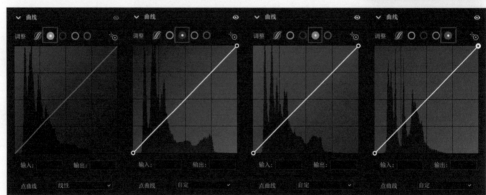

3. 在面板底部的"点曲线"下拉菜单中，依次有"线性"（45°斜线为默认值）"中对比度""强对比度"等预设，手动调整对比度时，选择"自定"。

在"点曲线"编辑器中设置的个性化预设，也会保存在此目录中。

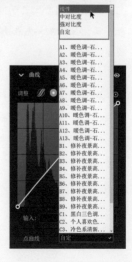

二、"点曲线"调整图像反差的高级使用技法

1. 提高对比度

（1）在Camera Raw中打开案例图像，切换至"配置文件"面板，在"Adobe Raw"组别中选择"Adobe 鲜艳"，单击"后退"，返回"编辑"面板。

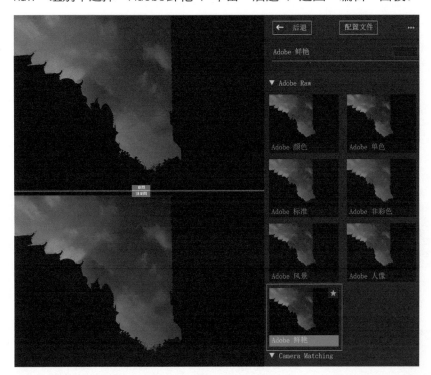

（2）展开"曲线"面板，在"点曲线"编辑器中，直接拖曳白色调整点，直至"输入"值为188、"输出"值为255。

（3）在"曲线"面板中，选择"目标调整工具"，在图像最亮处单击，此时会在曲线上创建相应选区的调整点，该调整点的"输入"值为141、"输出"值为190。

调整图像时，选择"目标调整工具"，直接在图像最亮处按住鼠标左键并向上（下）拖曳，可直接编辑调整；也可先放大图像创建精准的调整点，再恢复合适的视图大小，查看全图编辑效果。

（4）使用"目标调整工具"在白云较亮处单击，创建第二个调整点（"输入"值为102、"输出"值为137）。

（5）使用"目标调整工具"在白云阴影处单击，创建第三个调整点（"输入"值为73、"输出"值为98）。

（6）使用"目标调整工具"在图像剪影较亮处单击，创建第四个调整点（"输入"值为11、"输出"值为15）。

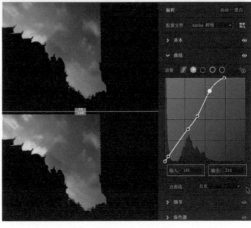

（7）按+或–键（切换英文输入法）顺时针或逆时针选中第一个调整点，按↑键使"输出"值为214、"输入"值为141，天空最亮处明度提高。

Windows系统中按住Ctrl键（Mac系统中按住command键）并按Tab键，向上选择调整点；按住Ctrl+Shift快捷键（Mac系统中按住command+shift快捷键）并按Tab键，向下选择调整点（不需要切换输入法）。

（8）依次选择第二、三、四个调整点，按方向键使调整点的"输出"值依次为164、95、4，"输入"值依次为102、73、11，图像中的反差得到加强。

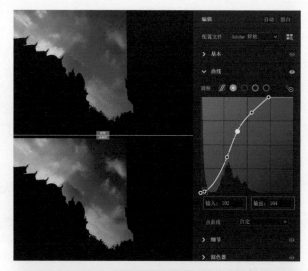

（9）图像中间调的亮度还不够，选中第三个调整点，按住Shift键并单击第二个调整点，同时选择这两个调整点，按方向键使该区域明度整体的"输出"值上升至4（使用此方法，可同时选择更多调整点），图像中间调的亮度被提升。

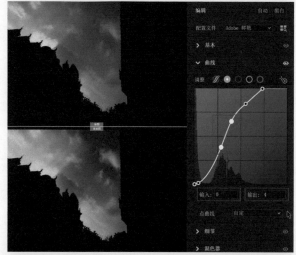

（10）Windows系统中按住Ctrl键（Mac系统中按住command键），当鼠标指针靠近调整点时，将自动切换成剪刀工具，单击可删除对应调整点。选中调整点按住鼠标左键并将其拖曳到曲线外也可删除调整点。我推荐在调整点上双击以将其删除。若要删除全部调整点，可在"点曲线"下拉菜单中选择"线性"。

（11）提高对比度前后的效果对比如右图所示。

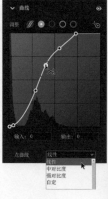

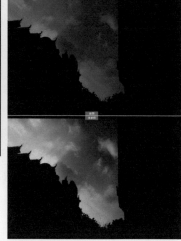

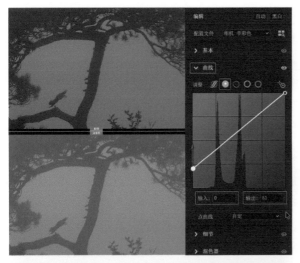

2. 降低对比度

有些图像不仅不能提高对比度，反而需要降低对比度，保留灰度给图像渲染气氛，使图像更具感染力。

（1）打开案例图像，展开"曲线"面板，在"点曲线"编辑器中，直接拖曳黑色调整点直至"输出"值为51、"输入"值为0。

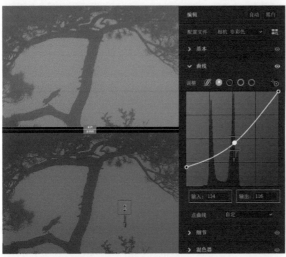

（2）选择"目标调整工具"，在天空处按住鼠标左键并往下拖曳，直至"输出"值为116、"输入"值为134，压暗高光，使反差缩小。

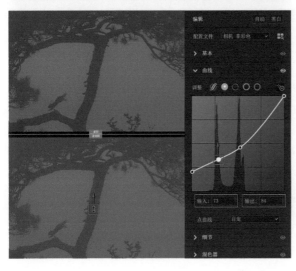

（3）在图像阴影处按住鼠标左键并往上拖曳，直至"输出"值为84、"输入"值为73，反差再次缩小，图像的影调趋于完美。

（4）调整前后的效果对比
如右图所示。

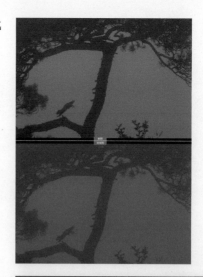

三、"点曲线"调整色调的高级使用技法

1. 添加冷色调

（1）案例延续上图操作。
选择"蓝色"通道，选择"目
标调整工具"，在图像的高光处
按住鼠标左键并往上拖曳，直
至"输出"值为143、"输入"
值为116，给图像添加蓝色，反
之添加黄色。

（2）选择"红色"通道，
在图像的高光处按住鼠标左键
并往下拖曳，直至"输出"值
为112、"输入"值为116，给
图像添加青色，反之添加红色。

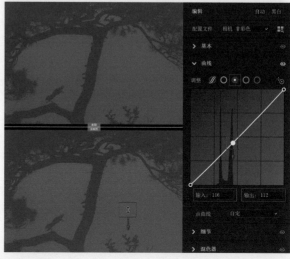

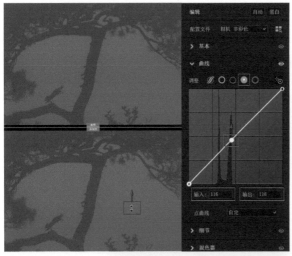

（3）选择"绿色"通道，在图像高光处按住鼠标左键并往上拖曳，直至"输出"值为118、"输入"值为116，给图像添加绿色，反之添加洋红色。冷色调制作完成，图像变得神秘而梦幻。

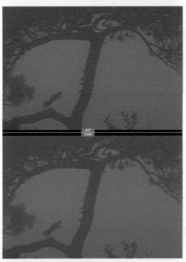

（4）图像调整前后对比如左图所示。

2. 添加暖色调

（1）在"提高对比度"案例图像上进行练习。在Camera Raw中打开案例图像。展开"曲线"面板，选择"蓝色"通道。在"点曲线"编辑器中，直接拖曳白色调整点，直至"输出"值为133、"输入"值为255，给图像最亮处添加黄色。

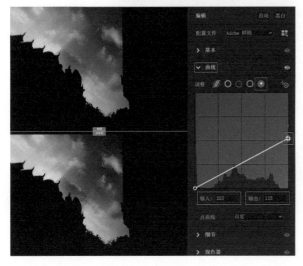

（2）选择"目标调整工具"，在白云高光处按住鼠标左键并向下拖曳，直至"输出"值为68、"输入"值为179，在图像高光区域添加更多的黄色。

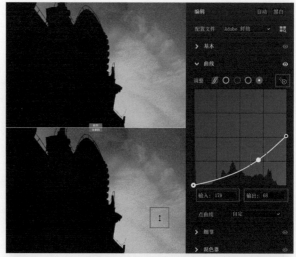

（3）在白云阴影处按住鼠标左键并向上拖曳，直至"输出"值为55、"输入"值为90，在图像阴影区域添加少量黄色。

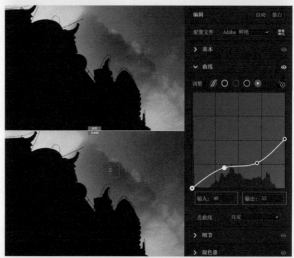

（4）选择"红色"通道，在"点曲线"编辑器中，直接拖曳白色调整点，直至"输入"值为227、"输出"值为255，给图像最亮处添加红色。

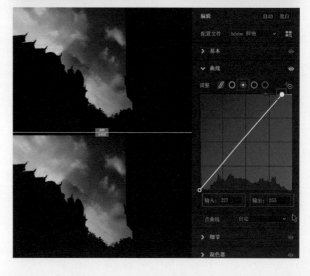

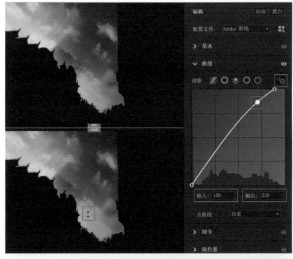

（5）单击"目标调整工具"，在白云高光处按住鼠标左键并向上拖曳，直至"输出"值为220、"输入"值为180，在图像高光区域添加更多的红色。

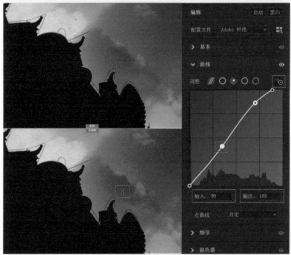

（6）在白云阴影处按住鼠标左键并向下拖曳，直至"输出"值为105、"输入"值为90，在图像阴影区域添加少量红色。

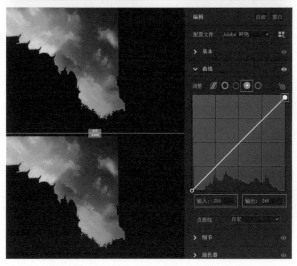

（7）选择"绿色"通道，在"点曲线"编辑器中，直接拖曳白色调整点直至"输出"值为248、"输入"值为255，给图像最亮处添加洋红色。

（8）选择"目标调整工具"，
在白云高光处按住鼠标左键并
向下拖曳，直至"输出"值为
158、"输入"值为179，在图像
高光区域添加更多的洋红色。

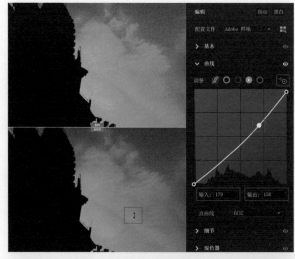

（9）在白云阴影处按住鼠
标左键并向上拖曳，直至"输
出"值为83、"输入"值为90，
在图像阴影区域添加少量洋
红色。

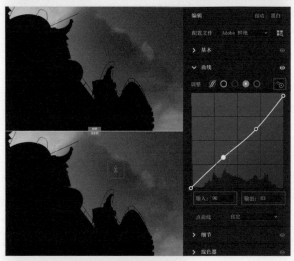

（10）图像调整前后效果对
比如右图所示。

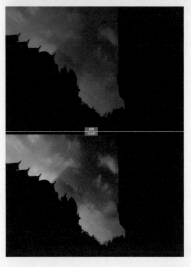

3. 保存自己喜欢的预设

如果喜欢这种"暖色调"的编辑效果，就把这次的设置保存下来，方便下次使用时直接从"点曲线"预设中选取调用。

（1）在工具栏中单击"更多图像设置"图标，展开图像设置菜单，选择"存储设置"。

（2）在弹出的"存储设置"对话框中，单击"全部不选"按钮。

（3）勾选"点曲线"复选框并单击"存储"按钮。

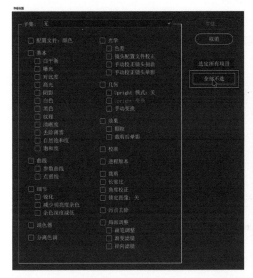

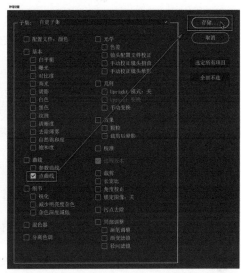

（4）在弹出的"存储设置"对话框中输入文件名，单击"保存"按钮存储预设。

1.在"曲线"面板的各个通道中，可以为图像强行添加颜色，这正是它的"独门绝技"（在其他调整面板或滤镜中，是不能为死白区域添加颜色的）。

2.暖色调包含大量的黄色、部分的红色、少量的洋红色。所以，为图像添加暖色调时一定要先调整"蓝色"通道，再调整"红色"通道，最后调整"绿色"通道。

3.冷色调包含大量的蓝色和少量的青色，绿色是间色，依据图像要求和个人喜好，既可以给冷色调图像添加绿色也可以给暖色调图像添加绿色。

第六节　颗粒和晕影效果的高级使用技法

Camera Raw中的颗粒滑块，常常被用来制作模拟胶片的效果，以弥补高ISO带来的高噪点瑕疵或者遮盖将照片进行大尺寸冲印时因差值运算带来的不自然效果。

学习目的： 学习并掌握颗粒和晕影效果的工作原理和高级使用技法。

一、颗粒效果的高级使用技法

1.初步认识"颗粒"区域

"颗粒"控件位于"效果"面板中（Windows系统的快捷键为Ctrl+8，Mac系统的快捷键为command+8），将"颗粒"滑块右边的三角形按钮展开，显示所有"颗粒"相关的滑块。

①颗粒：控制应用于图像的颗粒数量，向右拖曳滑块可增加颗粒数量。当其值为默认值0时，其他滑块为灰色，不可调整。

②大小：控制颗粒大小，默认值为25。值越大底层图像越模糊，可使图像和颗粒更好地融合。

③粗糙度：控制颗粒的匀称度，默认值为50。向左拖曳滑块，颗粒将趋于匀称，向右拖曳滑块，颗粒将趋于不匀称。

2.弥补高噪点瑕疵

（1）案例图像使用高ISO拍摄，噪点很高。如果想大尺寸放大冲印，为了弥补图像中的瑕疵，就应添加颗粒效果。

（2）添加颗粒效果时，最好将图像放大至100%，可在"选择缩放级别"中放大图像。

设置如下："颗粒"值为50、"大小"值为25（为了不让图像变得模糊）、"粗糙度"值为35。调整后的图像瑕疵被弥补。

3. 模拟胶片颗粒效果

（1）案例图像中为鲁南地区最后一代坚守抬花轿的民间艺人，对图像模拟胶片颗粒效果，使其看起来具有年代感。

（2）由于图像画质很好，因此不需要添加过多颗粒。设置如下："颗粒"值为25、"大小"值为20、"粗糙度"值为50。调整后的图像极具胶片效果。

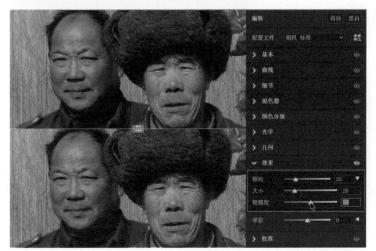

二、晕影效果的高级使用技法

在Camera Raw中，"晕影"是摄影师非常喜欢使用的滑块之一，利用它可以为图像创建多种晕影效果，为图像应用梦幻特效。

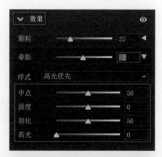

1. 初步认识"晕影"

（1）"晕影"位于"效果"面板底部，将"晕影"滑块右侧的三角形按钮展开，显示所有"晕影"相关控件。

（2）晕影效果的"样式"有3种选择，分别是"高光优先""颜色优先""绘画叠加"。晕影效果区域还有"晕影""中点""圆度""羽化""高光"滑块，将它们之间密切搭配使用是创建艺术化晕影效果的关键。

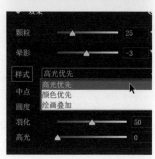

① 高光优先：在保护高光对比度的同时应用晕影效果，但可能会导致图像暗部区域的颜色发生变化。适用于具有重要高光区域的图像。

② 颜色优先：在保留色相的同时应用晕影效果，但可能会导致明亮高光部分丢失细节。

③ 绘画叠加：将图像颜色与黑色或白色混合来应用效果。适用于需要柔和效果的图像，但可能会降低高光对比度。

④ 晕影：正（负）值可使画面中心向周边变亮（变暗）。当其值为默认值0时，以下其他控件为灰色，不可调整。

⑤ 中点：数值越高，越容易将调整范围限制在图像四角区域，而数值越低越会将调整范围向图像的中心区域延伸，默认值为50。

⑥ 圆度：正（负）值可增强圆形效果（椭圆效果），默认值为0。

⑦ 羽化：数值增大（减小）将增强（减弱）效果与其周围像素之间的柔化效果，默认值为50。

⑧ 高光：控制图像高光区域的"穿透"程度，为图像高光区域"保驾护航"，默认值为0（当"晕影"控件为负值时，在"高光优先"或"颜色优先"样式中，此滑块可用）。

2. 高光优先

（1）给图像添加暗角晕影效果。

在Camera Raw中打开案例图像。操作前，可先在"光学"面板中对图像应用"使用配置文件校正"，去除因镜头产生的四角晕影（如果在第一章第二节介绍的"Raw默认设置"选项中，选择了"镜头和色差校正"预设，练习效果将和案例效果保持一致）。

"晕影"效果默认"样式"为"高光优先"，将"晕影"滑块拖曳至–21，给图像添加暗角晕影效果。为了直观地观察晕影分布的区域，将"羽化"滑块拖曳至0。

（2）在 Windows 系统中，按住 Alt 键（Mac 系统中按住 option 键）并拖曳 "中点" 滑块至12，添加晕影的区域将以更直观的效果显示，方便调整控件。

（3）在 Windows 系统中，按住 Alt 键（Mac 系统中按住 option 键）并拖曳 "圆度" 滑块至 +30，确保主体区域不被黑色遮蔽。

（4）在Windows系统中，按住Alt键（Mac系统中按住option键）并拖曳"羽化"滑块至80，暗角渐变地靠近主体时为最佳效果。

（5）在Windows系统中，按住Alt键（Mac系统中按住option键）并拖曳"高光"滑块至15，暗角高光的细节得到轻微恢复。双击"晕影"滑块可删除晕影效果。

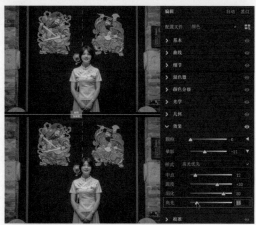

（6）图像调整前后效果对比如右图所示。

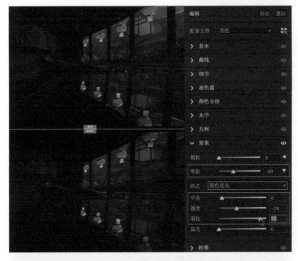

（7）添加亮角晕影效果。

打开案例图像，添加亮角晕影效果（"高光"滑块不可用），设置如下："晕影"值为+100、"中点"值为0、"圆度"值为+100、"羽化"值为100。

3. 颜色优先

当图像色彩鲜艳时，选择"颜色优先"样式，既能压暗周边环境高光又能有效地保护色彩原有色。设置如下："晕影"值为−30、"中点"值为6、"圆度"值为−24、"羽化"值为88、"高光"值为0。

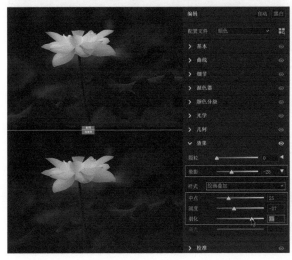

4. 绘画叠加

选择"绘画叠加"样式可使画面产生模糊柔化效果。设置如下："晕影"值为−28、"中点"值为25、"圆度"值为−27、"羽化"值为75。

5. 创建流媒体交流图片

（1）制作流媒体交流图片时，样式为"高光优先"，具体设置如下："晕影"值为+100（"晕影"值为–100时画布为黑色）、"中点"值为40、"圆度"值为–100、"羽化"值为3。

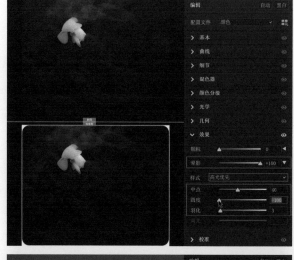

（2）调整滑块参数，设置如下："晕影"值为+100、"中点"值为24、"圆度"值为+3、"羽化"值为3。

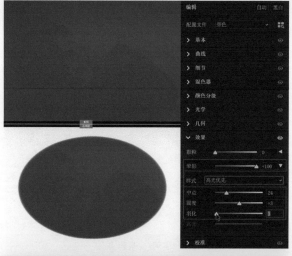

（3）使用不同的参数组合，可以给图像制作不同的晕影效果。设置如下："晕影"值为–100、"中点"值为50、"圆度"值为+100、"羽化"值为3、"高光"值为0。

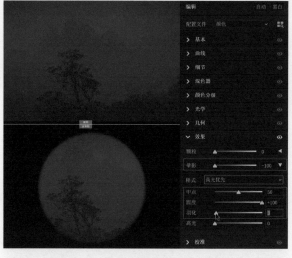

（4）如果主体区域不在晕影效果内，可选择"裁剪"工具裁剪边框，晕影效果会跟随裁剪区域移动。

小结

1. 图像在打印过程中，图像的原数据会相应减少，若添加的颗粒过少，则效果会流失。

2. 制作晕影效果时选择合适的"样式"很重要，那么如何为图像选择合适的"样式"呢？

（1）不以色彩为主的图像（如人文纪实、小品、低饱和度、黑白等图像）选择"高光优先"样式，目的是弱化周边高光，突出主体。

（2）以色彩为主的图像，选择"颜色优先"样式，目的是在保护原有色彩不变的情况下弱化周边高光，突出主体。

（3）以柔美风格为主的图像（如人物、花卉、雪景、云雾缭绕的风光等图像），选择"绘画叠加"样式，目的是柔化并弱化周边环境，突出主体。

第七节　颜色取样器在区域曝光法中的使用技法

美国摄影师安塞尔·亚当斯的区域曝光理论是摄影科学的基本理论之一。如果将其理论应用到数码后期处理中，就可以把看到的景物真实地呈现出来。安塞尔·亚当斯将图像的影调分为0～10共11个区域，每个区域在图像影调中起着各自的作用，为个性化后期处理提供理论依据。

一、区域曝光法各分区的影调特点与作用

图表区域值域为Camera Raw默认色彩空间Adobe RGB（1998）。当色彩空间为Prophoto RGB时，各区域值域会有所变化；当色彩空间为Lab Color时，各区域值域会以0～100显示，更直观有效。

① 暗部区域（0）：纯黑区域，可以赋予图像厚重感，但也可以使图像失去活力。

② 暗部区域（33）：近似于纯黑区域，可以产生最细微的影纹、肌理和细节变化，但也可以使图像变得沉闷。

③ 暗部区域（51）：有影纹的暗部区域，可产生轻微的影纹、肌理和细节变化。

④ 细节区域（72）：暗部细节最重要的影调区域，清晰细节最暗的区域。3区确立了影像的基调。如果把主要细节都放到3区表现，则会产生神秘感。例如黑色的小狗、黑色的鞋子、浓重的阴影、煤等。

⑤ 细节区域（94）：影调较深的中灰区域，具有丰富细节的过渡区域。4区与6区这两个过渡区域对图像的反差起到决定性的作用。如果过渡区域被缩小，影像反差则加大——与4区所占比重无关，而与这个区域如何实现暗部到亮部的过渡有关。

例如树干、深蓝色的天空。

⑥ 细节区域（118）：中灰区域。5区位于灰阶的中央，在区域系统中扮演着视觉中枢的角色。例如草地、树叶、大红色的花、干净的蓝天。

⑦ 细节区域（143）：较浅的中灰区域。6区包含了丰富的细节，它是中间影调向高光区过渡的起始区域。6区是高调影像的基础。高光与重点部位会非常吸引人们的注意，例如纯黄色、亮粉色、婴儿蓝色、婴儿粉色等区域。

⑧ 细节区域（169）：表现高光区域中的细节。7区是细节区域中最亮的一个区域。如果细节大部分都落在了这个区域，则图像效果就会显得非常柔美、明亮、轻盈和浪漫。例如白雪、白云、白雾、白烟、白霜、白沙。

⑨ 高光区域（197）：有影纹的高光区域。8区是最亮的有影纹的区域。尽管8区没有锐利的细节，但它是图像的视觉亮点。

⑩ 高光区域（225）：近似于纯白的区域。由于9区接近于白色，所以通常作为图像中的高光重点区域，它连同10区构成了8区中的影纹。

⑪ 高光区域（255）：纯白区域。10区的重点表现力对图像而言是非常重要的。与黑色一样，过多的白色也会影响图像的感染力。图像中的白色过多就会形成一种空洞感或者过于刺激的视觉冲击。

区域曝光法各分区影调特点与作用

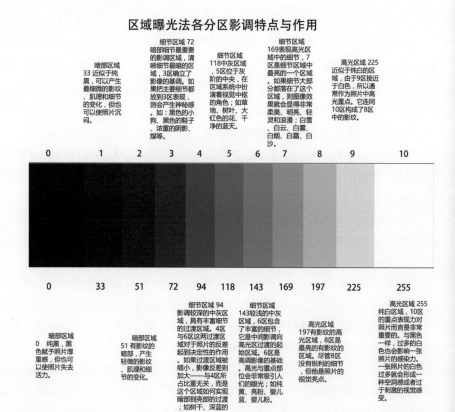

二、区域曝光法的应用

　　如何将安塞尔·亚当斯的区域曝光理论应用在数码调图中？那就是好好学习区域曝光法各分区的影调特点与作用，利用工具栏中的"切换取样器叠加"工具为影调调整服务。

　　（1）在Camera Raw中打开案例图像，在工具栏中单击"切换取样器叠加"工具图标 ✂ （快捷键为S），展开"颜色取样器"面板，"颜色取样器"滴管工具即时在图像预览窗口中显示，在图像中的不同影调处单击取样，图像的明度和颜色信息将显示在图像预览窗口上方（色彩空间为Lab Color）。

　　①L表示亮度，值域为0～100（也就是区域曝光理论的0区～10区）。

　　②a表示从洋红色至绿色范围的取值。

　　③b表示从黄色至蓝色范围的取值。

　　a和b的值域都是–128～+127，其中+127 a就是红色，过渡到–128 a的时候就变成绿色，而+127 b是黄色，–128 b是蓝色。

　　（2）要删除单个颜色取样点，在Windows系统中可按住Alt键（Mac系统中按住option键），鼠标指针靠近颜色取样点时将自动切换成剪刀工具，单击即可删除取样点。要删除全部颜色取样点，可单击"重置取样器"图标 🔄 。

（3）在"颜色取样器"面板最右边单击"关闭取样器"图标（如右图红色方框所示），可以暂时隐藏"颜色取样器"面板；需要时，再次单击"切换取样器叠加"图标，颜色取样点信息即可重新显示。

（4）最多可给图像添加9个颜色取样点。

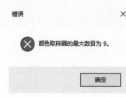

小结

建议将区域曝光法的图表区域值域打印出来，放在计算机旁边，这样更加有利于学习区域曝光法各分区的影调特点与作用。

第八节 颜色分级的高级使用技法

颜色分级是摄影师十分喜爱的调色工具之一，利用强大而易用的色盘调整功能，可以调整中间调、阴影和高光的色调及明亮度；并且可以调整图像的整体颜色，而不影响中间调、阴影和高光的设置，实现色彩叠加后的创意效果。

学习目的： 深刻理解并掌握"颜色分级"工具的使用技法，以便营造出精细、逼真、互补的效果或形成对比鲜明的外观，从而将图像的创意度提升到更高水平。

一、初步认识"颜色分级"面板

1. 展开"颜色分级"面板（Windows系统的快捷键为Ctrl+5，Mac系统的快捷键为command+5），在"调整"选项中有5个模式，分别是"三向模式""阴影""中间调""高光""全局"模式。

（1）"三向模式"为默认模式，面板中有3个色盘，色盘下方有控制明亮度的滑块，以及面板底部的"混合"和"平衡"滑块。

拖曳色盘下方控制明亮度的滑块，面板顶部显示"H"（色相）值为0、"S"（饱和度）值为0、"L"（明亮度）值为37，说明该滑块只能调整特定区域的明亮度，而"色相"和"饱和度"不受影响。

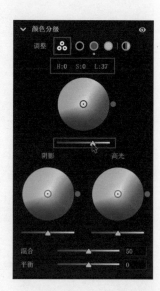

（2）选择"阴影"模式，展开"阴影"小面板。单击色盘外围的色相滑块并拖曳至216（或拖曳色盘下方的"色相"滑块），以更改阴影区域的颜色色调。

色盘中心的饱和度滑块没有变化时（或色盘下方的"饱和度"滑块为0时），图像的特定区域的颜色不会发生任何改变。

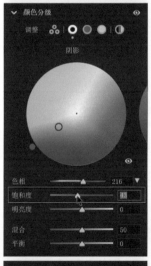

（3）拖曳色盘下方的"饱和度"滑块至43，以更改阴影区域的颜色强度。

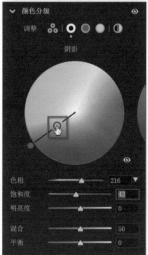

（4）也可以按住Shift键强力锁定"色相"值，再拖曳色盘中心的饱和度滑块至"饱和度"值为43，以更改阴影区域的颜色强度。不按住Shift键，色相会由于单击点不精确而发生改变。

（5）同样，也可以按住Ctrl键（Mac系统中按住command键）强力锁定"饱和度"值，拖曳色盘外围的色相滑块至"色相"值为43，以更改阴影区域的颜色色调，防止由于误击滑块，而使"饱和度"发生改变。

"中间调"和"高光"小面板的使用技法同"阴影"小面板的一致。

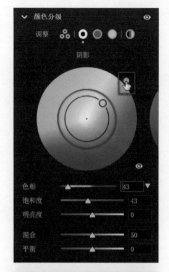

（6）选择"全局"模式展开"全局"小面板。该面板可以调整图像的整体颜色，而不影响中间调、阴影和高光的设置。

单击面板右上角的"小眼睛"图标 ◉，可以查看面板整体调整前后的效果，单击面板右下角的"小眼睛"图标 ◉，可以查看小面板调整前后效果。

如果相应模式下有编辑操作，则选项图标下方会显示点状指示器。

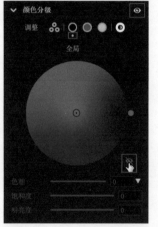

2. 熟知"颜色分级"调整面板中控件的工作原理，才能创造出更加艺术化的色彩效果。"颜色分级"面板中滑块的工作原理如下。

① 色盘：可见光范围内的色彩组成的色相盘。

② 色相：控制着色区域的颜色色调。

③ 饱和度：控制着色区域颜色的饱和强度。

④ 明亮度：控制着色区域的亮度阈值。

⑤ 混合：控制着色区域的融合范围。将"混合"值设置为100，可保持原"分离色调"设置效果，融合范围最大；将"混合"值设置为–100，融合范围最小。

⑥ 平衡：控制整体色调偏向高光还是阴影。将"平衡"值设置为100，整体色调偏向高光区域；将"平衡"值设置为–100，整体色调偏向阴影区域。

二、给图像添加冷、暖色调

1. 在Camera Raw中打开案例图像，切换至"配置文件"面板，在"Camera Matching"组别中选择"风景"，单击"后退"，返回"编辑"面板。

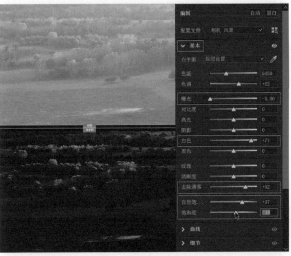

2. 展开"基本"面板，对图像做如下设置："曝光"值为–5.00、"白色"值为+77、"去除薄雾"值为+52、"自然饱和度"值为+37、"饱和度"值为+10（压黑提白法）。

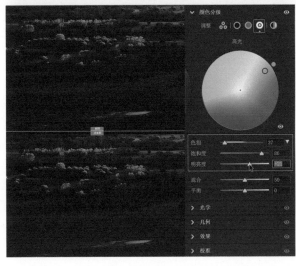

3. 展开"颜色分级"调整面板，选择"高光"模式并依次设置如下："色相"值为37、"饱和度"值为86、"明亮度"值为+21。提亮图像的高光区域并添加暖色调效果。

"色相"数值为30～45时，可给图像添加暖色调。

4. 选择"阴影"模式并依次设置如下："色相"值为212、"饱和度"值为24、"明亮度"值为-15。压暗图像的阴影区域并添加冷色调效果。

"色相"数值为212～222时，可给图像添加冷色调。

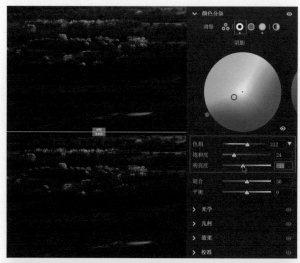

5. 选择"中间调"模式并依次设置如下："色相"值为45、"饱和度"值为40、"明亮度"值为+62。提亮图像的中间调区域并添加暖色调。

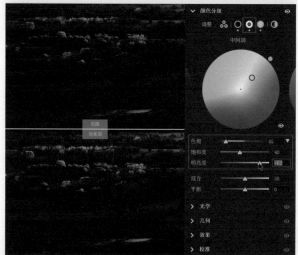

6. 设置"混合"值为31、"平衡"值为+53，使着色色调融合度降低，以便使画面冷暖分明，着色色调整体偏向高光区域（渲染暖色调）。

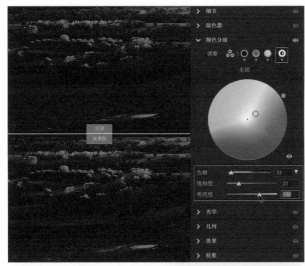

7. 选择"全局"模式并依次设置如下:"色相"值为33、"饱和度"值为23、"明亮度"值为+30。微调图像的整体色调。

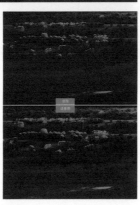

8. 调整前后效果对比如左图所示。

三、制作经典的青绿山水画效果

《千里江山图》是青绿山水画王冠上的明珠,是北宋画家王希孟的作品,也是其唯一传世的巨制杰作。摄影师们可以使用"颜色分级"面板仿制其经典的青绿色。

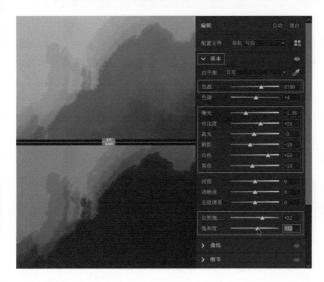

1. 在Camera Raw中打开案例图像,展开"基本"面板,对图像做如下设置:"色温"值为8700、"曝光"值为–1.85、"对比度"值为+24、"高光"值为–3、"阴影"值为–19、"白色"值为+55、"黑色"值为–10、"自然饱和度"值为+32、"饱和度"值为+12。

2. 切换到"配置文件"面板，在"Camera Matching"组别中选择"风景"，增强图像的影调效果，单击"后退"，返回"编辑"面板。

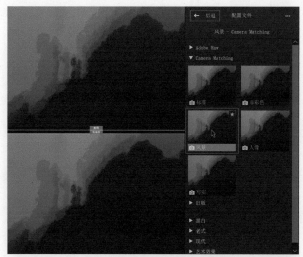

3. 展开"颜色分级"面板，选择"高光"模式并依次设置如下："色相"值为37、"饱和度"值为100、"明亮度"值为+24。提亮图像的高光区域并添加黄色色调。

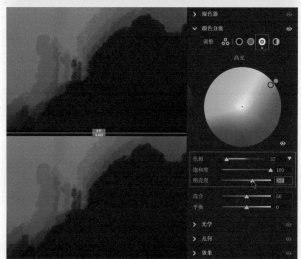

4. 选择"阴影"模式并依次设置如下："色相"值为222、"饱和度"值为39。为图像的阴影区域添加蓝色色调。

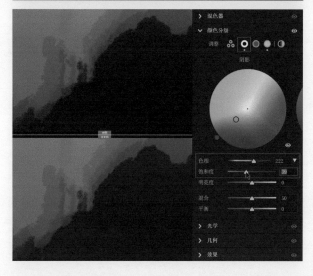

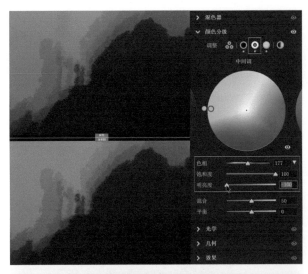

5. 选择"中间调"模式并依次设置如下："色相"值为177、"饱和度"值为100、"明亮度"值为−100。压暗图像的中间调区域并添加青色色调。

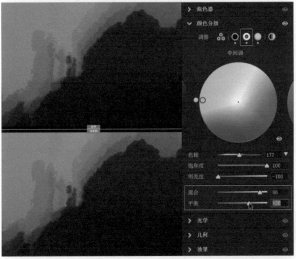

6. 设置"混合"值为86、"平衡"值为+26，使着色色调融合度扩展以便色彩浸染，着色色调整体偏向高光区域（渲染黄色）。

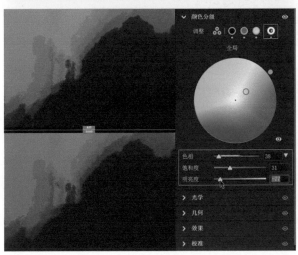

7. 选择"全局"模式并依次设置如下："色相"值为38、"饱和度"值为31、"明亮度"值为−77。微调图像的整体明度和色调。

8. 用"颜色分级"调整面板制作青绿山水画，调整前后效果对比如下图所示。

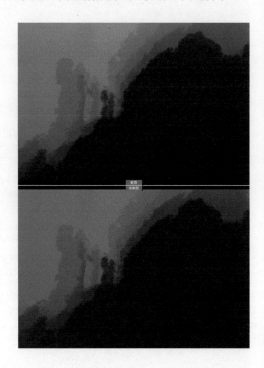

小结

如果将"颜色分级"面板的各个控件比作一家人，那么"高光"（老大）、"阴影"（老二）和"中间调"（老三）就是家中的3个孩子，"混合"和"平衡"是妈妈，"全局"则是爸爸。当孩子们磕磕碰碰时，妈妈来调解，心疼老二就偏向左边（"平衡"为负值），心疼老大就偏向右边（"平衡"为正值），平等对待时"平衡"为默认值；当孩子们矛盾激化时，让他们暂时分开（"混合"为负值），当孩子们欢声笑语时，让他们尽情玩耍（"混合"为正值）；而爸爸在一旁静观其变，总览全局。

第九节 相机校准技法

"校准"调整面板是专门用于校准图像和渲染色彩的面板。在Camera Raw中处理过的所有图像，在这里都可以找到对应的处理版本，以便保持（或更新）编辑效果的一致性。还可以将老版本的编辑效果和最新处理版本应用效果进行比较。

学习目的： 熟悉相机校准技法，以便校准图像和艺术化地渲染图像。

一、认识"校准"调整面板

1. 在"校准"调整面板"处理版本"下拉菜单中，有5种不同时期的处理版本可供选择。"5版（当前）"为最新的处理版本。如果希望与旧版的编辑保持一致，可

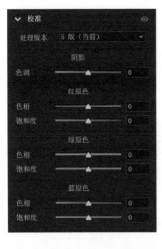

以选择早期的处理版本选项。

　　2. 每款相机拍摄的图像都有相机自己独特的"脸谱"，偏红、偏黄、偏绿或者出现在图像的阴影之中。在"校准"面板里可以调整阴影和各原色滑块，微调图像中出现的轻微色偏，或者进行艺术化的设置。

二、"校准"面板中滑块的工作原理

　　在学习"校准"面板中滑块的工作原理之前，先复习一下"混色器"面板中滑块的工作原理。只有这样才能深刻理解"校准"面板和"混色器"面板中滑块工作原理的不同，有利于读者驾驭"校准"面板中的滑块，轻松地校准图像和艺术化地渲染图像。

　　1. 在Camera Raw中打开案例图像，展开"混色器"面板，从"调整"下拉菜单中选择"颜色"，并选择"红色"，将"色相"滑块分别拖曳至−100和+100，查看色相和明度的变化。

　　"红色"的色相和明度变化很大，而其他颜色没有发生任何改变，说明"混色器"面板是基于色相范围的精准颜色来进行调整的。

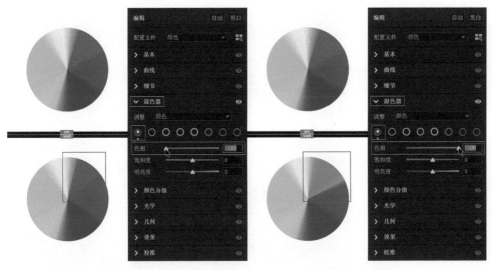

　　2. 展开"校准"面板，将"红原色"的"色相"滑块分别拖曳至−100和+100，查看色相和明度的变化。

"红原色"的色相和明度变化很大，而其他颜色也发生了很大的改变，说明"校准"面板是基于红原色、绿原色和蓝原色的整体性联动调整。所以，在具体修图时，可以利用"校准"调整面板中的滑块，将图像中的环境色去除，还原真实（或个性化）的色彩。

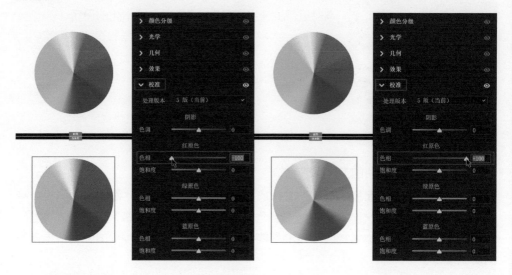

三、相机校准技法

1. 在 Camera Raw 中打开案例图像，切换到"配置文件"面板，在"Camera Matching"组别中选择"深"，单击"后退"，返回"编辑"面板。

2. 展开"几何"面板，选择"Upright"栏中的"自动"模式，图像的透视倾斜得到了很好的校正。

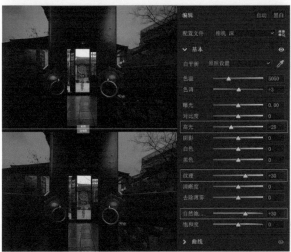

3. 展开"基本"面板，对图像做如下设置："高光"值为–28、"纹理"值为+30、"自然饱和度"值为+30。

4. 图像整体偏紫色和洋红色，展开"校准"面板，将"蓝原色"的"色相"滑块拖曳至–50，减少图像中的紫色和洋红色。

5. 将"蓝原色"的"饱和度"滑块拖曳至-28，图像中的紫色和洋红色越来越少。

6. 将"阴影"的"色调"滑块拖曳至-15，建筑内的洋红色消失，还原了真实的色彩。

7. 校准前后效果对比如右图所示。

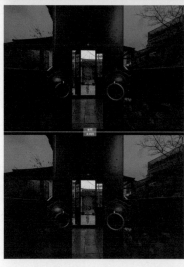

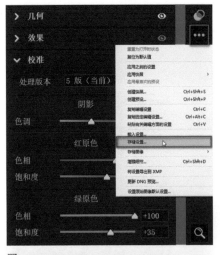

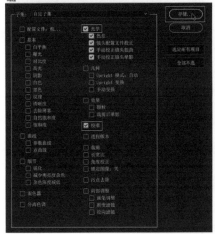

8. 对于特定相机或镜头的独特"脸谱"，可以将校准设置存储为预设。当再次打开同款相机或镜头拍摄的图像时，单击存储的预设，色偏将被自动校准。在工具栏中单击"更多图像设置"图标 ▦▦ ，在展开的菜单中选择"存储设置"。

9. 勾选存储设置选项中的"光学"和"校准"复选框，单击"存储"按钮保存。

案例图像是使用德国福伦达VM 12mm f/5.6 Ultra Wide Heliar Aspherical定焦镜头拍摄的，由于在第二章的"手动设置'配置文件'对图像进行校正的技法"中，设置了"存储新镜头配置文件默认值"。所以，图像的镜头畸变被自动校正。

10. 在弹出的"存储设置"对话框中，输入文件名，如"福伦达12定焦"并单击"保存"按钮。

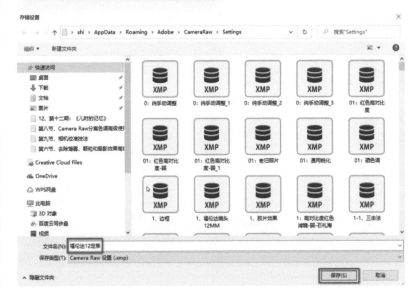

11. 在工具栏中单击"预设"图标 ⊙ 展开"预设"面板（快捷键为Shift+P），保存的预设在"用户预设"组中显示。单击新建预设右边的"删除预设"图标 🗑，可删除新建预设。

若要安装图中所示的其他预设，可参考第八章第四节，或观看本书提供的教学视频文件"懒汉调图"安装方法。

四、艺术化地渲染图像

1. 在Camera Raw中打开案例图像，展开"几何"面板（Windows系统的快捷键为Ctrl+7，Mac系统的快捷键为command+7），选择"Upright"的"自动"模式并勾选"限制裁切"复选框，对图像进行平衡透视校正。

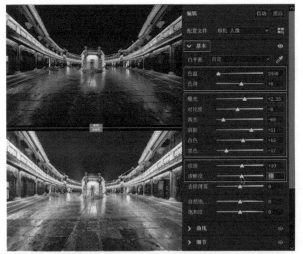

2. 展开"基本"面板并设置如下："色温"值为2450、"色调"值为+8、"曝光"值为+2.25、"对比度"值为-8、"高光"值为-69、"阴影"值为+51、"白色"值为+15、"黑色"值为-57、"纹理"值为+10、"清晰度"值为+8。

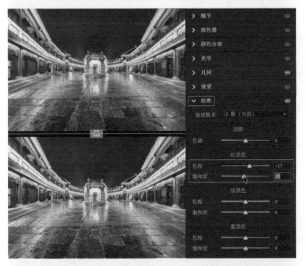

3. 展开"校准"面板，将"红原色"的"色相"滑块拖曳至+17，"饱和度"滑块拖曳至-6，恢复图像的细节，红色变成金黄色。

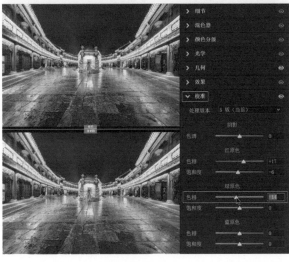

4. 将"绿原色"的"色相"滑块拖曳至-14，暖色调更加趋向金黄色。

5. 将"蓝原色"的"色相"滑块拖曳至–68，黄色变成金黄色，天空的紫色消失，蓝色被还原。

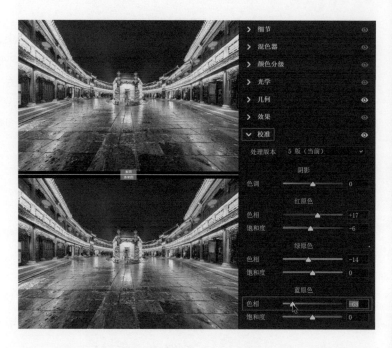

6. 切换到"配置文件"面板，在"Adobe Raw"组别中选择"Adobe 风景"，增强图像的影调效果，调整完成。

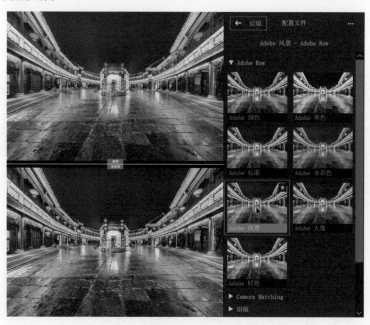

7.校准前后效果对比如下图所示。

小结

　　最新处理版本使用最先进的运算方法和最新控件来重新运算和编辑图像。而保留的老版本有利于Camera Raw兼顾老用户的使用体验。

第四章

局部精细调整
工具的高级
使用技法

　　"调整画笔""渐变滤镜""径向滤镜"是 Camera Raw 中尤
为重要的三大精修工具，可以对图像的局部区域进行精细的调
整编辑。如果不对图像进行多张合成处理，完全可以跳过严谨的
Photoshop，将编辑效果保存在图像的"快照"里，既容易修改，
又不占用磁盘空间。

第一节　调整画笔工具的高级使用技法

调整画笔工具是 Camera Raw 最重要的调整工具之一，配合"自动蒙版"和"范围蒙版"可以实现对图像局部的精细调整。

学习目的： 学习如何使用"调整画笔"工具采取直接涂抹的方式，或配合"自动蒙版"和"范围蒙版"，实现对图像局部的精细调整。

一、控件功能介绍与设置

1."画笔"面板控件功能介绍

在工具栏中单击"调整画笔"工具图标 ，"编辑"面板自动切换成"画笔"面板。

（1）面板中部分控件的作用如下。

① 色温：向左拖曳滑块，可给图像添加冷色调减少暖色调；向右拖曳滑块，可给图像添加暖色调减少冷色调。

② 色调：向左拖曳滑块，可给图像添加绿色色调，减少洋红色色调；向右拖曳滑块，可给图像添加洋红色色调，减少绿色色调。

③ 曝光：调整整体图像亮度。它很像相机里的曝光补偿，如果图像过暗，就增大曝光值；如果图像过亮，则减小曝光值。

④ 对比度：增大或减小图像的反差，主要影响中间调。提高对比度时，中到暗图像区域会变得更暗，中到亮图像区域会变得更亮。降低对比度时，对图像色调的影响相反。

⑤ 高光：调整图像的明亮区域。向左拖曳滑块可使高光变暗恢复高光细节，向右拖曳滑块可使高光变亮并逐渐失去高光细节。

⑥ 阴影：调整图像的黑暗区域。向左拖曳滑块可使阴影变暗，向右拖曳滑块可使阴影变亮并恢复阴影细节。

⑦ 白色：调整对白色的修剪。向左拖曳滑块可减少对高光的修剪，向右拖曳滑块可增加对高光的修剪。

⑧ 黑色：调整对黑色的修剪。向左拖曳滑块可使黑场更黑，向右拖曳滑块可减少对阴影的修剪。

⑨ 纹理：增强或减少图像中出现的纹理。向左拖曳滑块可抚平细节，向右拖曳滑块可突出细节。调整"纹理"滑块时，颜色和色调不会更改。

⑩ 清晰度：通过提高局部对比度来增加图像的深度，对中间色调的影响最大。它类似于曲线调反差，但是它把图像分成多个小组分别进行精确调整。调整时，最好将图像放大至100%，要使图像的视觉冲击力更强，可增大数值，直到在图像的边缘细节附近看到光晕再略微减小数值；减小数值时，对图像的视觉冲击力的影响相反。

⑪ 去除薄雾：增减图像中薄雾或雾气的量。

⑫ 色相：更改图像特定区域的颜色。

⑬ 使用微调：实现极其精确的色相调整。

⑭ 饱和度：均匀地调整所有图像颜色的饱和度。

⑮ 锐化程度：增强边缘清晰度以显示图像中的细节。负值使细节变模糊。

⑯ 降噪：减少明亮度杂色，当打开阴影区域时这一点会变得很明显。

⑰ 叠纹：消除图像中的摩尔纹。

⑱ 去边：消除物体边缘的彩色镶边条纹。

⑲ 颜色：将色调应用到调整的区域。单击"颜色"样本框，可选择色相。

（2）画笔选项的功能介绍如下。

单击"大小"滑块最右边的三角形按钮，展开画笔选项。各控件功能的介绍如下。

① 大小：用来控制画笔的直径。

② 羽化：选区内外衔接的部分自然融合的效果，"羽化"值越大，融合得越柔和。当"羽化值"为0时，画笔也会有轻微的柔边效果（适用于涂抹画笔选区内径）。

③ 流动：控制画笔效果应用的力度。

④ 浓度：控制描边中的透明程度。

⑤ 自动蒙版：将画笔描边限制到颜色相似的区域中。

⑥ 叠加：切换画笔笔尖的可见性。

⑦ 蒙版选项：切换查看画笔涂抹区域。

（3）在"画笔"面板顶部，单击"重置画笔"图标（如右图红色方框所示），可删除所有画笔编辑操作。单击"小眼睛"图标（右图红色方框右侧的图标）可查看调整前后效果对比。

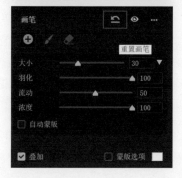

（4）在"画笔"面板顶部，单击"更多局部校正设置"图标，在弹出的菜单中选择"重置局部校正设置"，可将所有控件滑块重置为0；选择"新建 局部校正 预设"，保存的新预设将显示在"更多局部校正设置"菜单中。

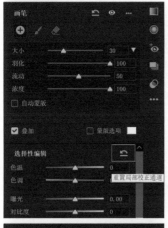

（5）单击"重置局部校正通道"图标（如左图红色方框所示），可将处于激活状态中的调整画笔控件滑块重置为0。

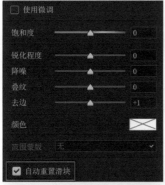

（6）在"画笔"面板的底部，取消勾选"自动重置滑块"复选框，所有滑块将记住上次的编辑调整，不再自动重置为0。

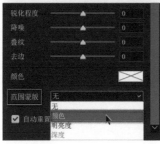

（7）展开"范围蒙版"下拉菜单，选择"颜色"范围蒙版。默认情况下，"范围蒙版"设置为"无"（禁用）。

（8）只有在图像中吸取颜色样本，色彩"范围"滑块才可用。

（9）在图像中吸取颜色样本，色彩"范围"滑块可以使用，其默认值为50；调整色彩"范围"滑块可缩小或扩大选定颜色的范围。要退出颜色取样，请按Esc键或单击"样本颜色"右侧的滴管样式图标 即可。

（10）按住Shift键，按住鼠标左键并拖曳颜色区域，最多可添加5个颜色样本。

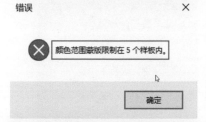

（11）展开"范围蒙版"下拉菜单，选择"明亮度"。

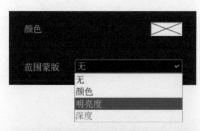

（12）调整"亮度范围"滑块，设置选定明亮度范围的端点。调整"平滑"滑块以选定明亮度范围任一端的衰减平滑度。选择滴管工具（在"亮度范围"滑块右边），在要调整的区域上按住鼠标左键并拖曳（建议选择较小的区域以缩小到特定的明亮度范围）。

（13）勾选"可视化亮度图"复选框，以黑白可视化效果查看图像的蒙版信息，红色部分表示应用效果的蒙版区域。

2. 画笔设置

（1）调整画笔半径。

画笔内的"十"字线为应用点，实心圆为应用效果区域，从实心圆到黑白相间圆为应用效果渐变区域。

① 在图像预览窗口中，按住鼠标右键，向左（右）拖曳可缩小（扩大）画笔半径。

② 按括号键[和]可调整画笔半径（英文输入法下）。

③ 拖曳"大小"滑块可调整画笔半径。

④ 滚动鼠标滚轮可调整画笔半径。

（2）调整画笔"羽化"值。

① 在图像预览窗口中，按住Shift键和鼠标右键，向左（右）拖曳可使"羽化"值降低（增大），画笔变硬（画笔变柔和）。

② 按住Shift键并单击括号键[和]可调整画笔"羽化"值。

③ 拖曳"羽化"滑块可调整画笔"羽化"值。

（3）调整画笔的"流动"值。

① 按住+或-键可控制画笔的"流动"值（英文输入法下）。

② 拖曳"流动"滑块可调整画笔的"流动"值。

（4）调整画笔的"浓度"值。

① 按数字键0～9可调整"浓度"值。

② 拖曳"浓度"滑块可调整"浓度"值。

3. 蒙版选项设置

（1）在"画笔"面板底部，单击"蒙版选项"右边的"蒙版叠加颜色"图标（如左图红色方框所示）。

（2）在弹出的"拾色器"对话框中，默认拾色器颜色为白色，颜色表示受影响的区域。

（3）反向更改拾色器的设置，方便查看蒙版效果（更改后的视图显示效果和在Photoshop图层中的蒙版显示效果一致）。

二、"调整画笔"应用于局部调整的高级使用技法

使用"调整画笔"工具，运用恰当的设置，采取直接涂抹的方式，突出主体并弱化背景，使主体从背景中跳出来。

1. 在Camera Raw中打开案例图像，切换到"配置文件"面板，在"Camera Matching"组别中选择"写实"。

2. 从工具栏中选择"调整画笔"工具，将"曝光"滑块拖曳至+0.50。调整好画笔大小，采取直接涂抹的方式，按住鼠标左键在主要人物面部区域精心涂抹应用效果，主体被渲染。松开鼠标，应用点处显示红黑相间的锚点。

拖曳锚点，可改变图像应用效果区域。如需撤销上次的调整，在Windows系统中按Ctrl+Z快捷键（Mac系统中按command+Z快捷键），如需撤销多步调整，重复操作即可。

3. 对图像应用效果后，还可以修改控件预设量。为了进一步渲染人物，将"色温"滑块拖曳至+10，主体人物应用了暖色调，再次被渲染。

4. 如果喜欢这种渲染主体面部的设置，可以将它保存为预设，方便日后选择使用。展开"更多局部校正设置"菜单，选择"新建 局部校正 预设"。

5. 在弹出的"新建 局部校正 预设"对话框中，输入名称并单击"确定"按钮保存预设。

6. 新建的预设组合保存在"更多局部校正设置"菜单中，单击即可应用对应预设。

7. 勾选"蒙版选项"复选框，可在图像预览窗口中显示蒙版叠加效果，协助查看涂抹区域准确范围。图像显示的区域应用了效果，而黑色区域被遮挡，灰度区域为应用渐变效果区域。查看后要及时取消勾选"蒙版选项"复选框，否则会影响下一步的操作。

8. 在"画笔"面板顶部，单击"创建新调整"图标（如右图红色方框所示）（快捷键为N），新建一个调整画笔（面板中控件值保持不变），原来的调整画笔区域闭合，变成了白色锚点。

9. 双击"色温"滑块，将其快速重置为0。将调整画笔的大小稍微放大（如右图所示），在图像的视觉点处再次涂抹，主体人物的面部再次被提亮0.5的曝光值（勾选"蒙版选项"复选框，在图像预览窗口中显示蒙版叠加效果，协助查看涂抹区域范围）。

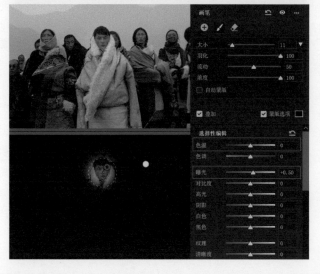

10. 在"画笔"面板顶部，再次单击"创建新调整"图标，展开"更多局部校正设置"菜单，选择"重置局部校正设置"，将所有滑块快速重置为0。

11. 将"曝光"滑块拖曳至-0.50，"色温"滑块拖曳至-16，调整画笔的大小（如左图所示），在前景和背景处小心涂抹，弱化背景。

12. 当画笔涂抹到主体人物时，将画笔适当往上拖曳，以避开主体区域。

13. 勾选"蒙版选项"复选框，在图像预览窗口中显示蒙版叠加效果，协助查看涂抹区域准确范围。

14. 单击面板顶部的"从选定调整中清除"图标■，将"羽化"值设为100，"流动"值设为50（默认值），将画笔调小（如下图所示），在视觉点处涂抹，使主体人物面部不受弱化影响。

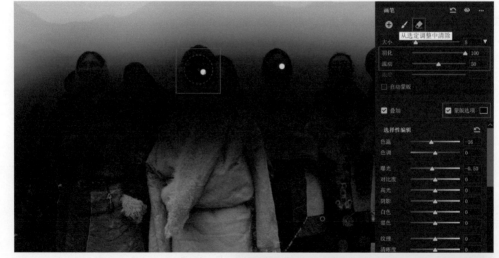

15. 如要修改上次应用的效果，让画笔靠近白色锚点（闭合状态，不可修改），当鼠标指针（画笔）变为三角指针提示时单击即可激活。

16. 如要删除应用的效果，在Windows系统中按住Alt键（Mac系统中按住option键），让画笔靠近锚点，画笔自动切换成剪刀工具，单击白色锚点将其删除，或者激活锚点并按Delete键；要删除全部应用效果，可单击"画笔"面板顶部的"重置画笔"图标 。

若要隐藏白色锚点图标，可勾选面板中的"叠加"复选框（快捷键为V）。

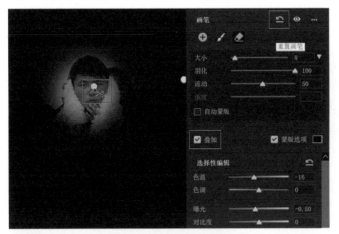

17. 应用局部调整前后效果对比如左图所示。

三、"自动蒙版"应用于局部精细调整的高级使用技法

"自动蒙版"功能自Camera Raw诞生就有，只是很少被关注。启用"自动蒙版"功能，画笔会开启智能遮盖模式，这是因为Camera Raw会智能分析涂抹点（画笔中心的"十"字线）的色调和颜色，并将应用效果绘制在相同色调和颜色区域中。所以，在局部区域精细地涂抹时速度要慢。

1. 在Camera Raw中打开案例图像，展开"画笔"面板并设置如下："色温"值为+22、"色调"值为+21、"曝光"值为+0.70。

"画笔"面板中的滑块控件保持默认值（"羽化"值为100、"流动"值为50、"浓度"值为100），调整好画笔大小，采取直接涂抹的方式渲染主体。

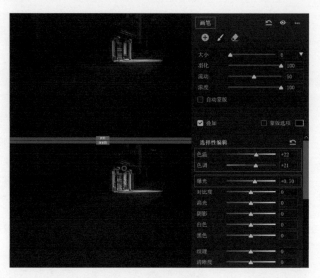

2. 勾选"蒙版选项"复选框，在图像预览窗口中显示蒙版叠加效果，协助查看涂抹区域的完成度。大门底部的基石不需要应用效果，需要清除。单击面板顶部的"从选定调整中清除"图标，设置"羽化"值为100，"流动"值为50（默认值），将画笔调小（如下图所示），将门底部基石的应用效果清除。

在Windows系统中按住Alt键（Mac系统中按住option键），画笔将自动切换成具有橡皮擦功能的"清除"画笔，可对涂抹时溢出的区域进行修改。

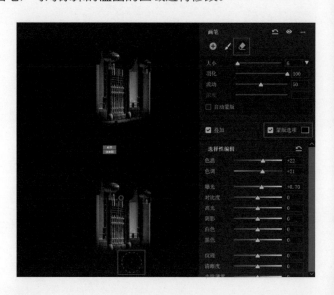

3. 在"画笔"面板顶部，选择"创建新调整"，展开"更多局部校正设置"菜单，选择"重置局部校正设置"，将所有滑块快速重置为0。

4. 新建调整预设，用于渲染红灯笼。设置"色温"值为+30、"曝光"值为+1.20。放大图像并调整好画笔大小，勾选"自动蒙版"复选框，开启调整画笔智能

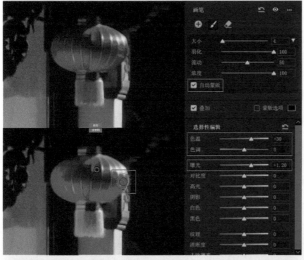

遮挡模式；在红灯笼的外边缘区域精细涂抹应用效果。

当外边缘涂抹不精确时，将画笔内"十"字线靠近边缘涂抹即可，只要画笔内"十"字线不越出边界，"自动蒙版"功能就会出色地完成涂抹任务。

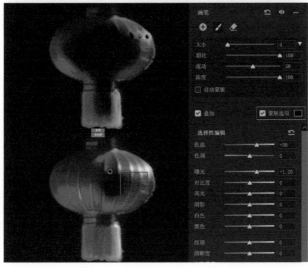

5. 红灯笼的外边缘区域涂抹完成后，取消勾选"自动蒙版"复选框，这样就可以用画笔快速均匀地涂抹红灯笼的内部。勾选"蒙版选项"复选框，在图像预览窗口中显示蒙版叠加效果，协助查看涂抹区域的完成度。

6. 调整前后效果对比如右图所示。

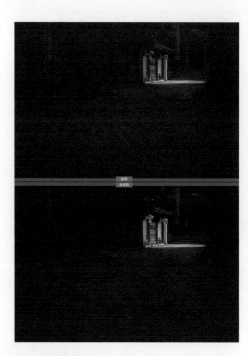

四、"调整画笔"应用于人像局部精细调整的高级使用技法

"调整画笔"工具配合"自动蒙版"和"范围蒙版"可以在图像中快速创建一个精确的蒙版区域，以便对局部进行精细调整。

1. 在Camera Raw中打开案例图像，选择"调整画笔"工具，展开"画笔"面板。单击"颜色"样本框，弹出"拾色器"对话框，将"色相"值设置为32、"饱和度"值设置为100，并单击"确定"按钮。

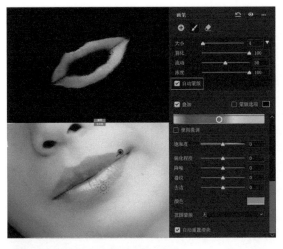

2. 放大图像并勾选"自动蒙版"复选框，使画笔开启智能遮盖模式，调整好画笔大小，先涂抹唇边区域。

3. 取消勾选"自动蒙版"复选框，在嘴唇内部快速、均匀地涂抹。

4. 在"画笔"面板顶部，选择"创建新调整"，新建一个调整画笔（面板中的控件值保持不变），原来的调整画笔闭合，变成了白色锚点。

勾选"自动蒙版"复选框，单击"颜色"样本框，弹出"拾色器"对话框，将"饱和度"值降至30并单击"确定"按钮，保持"色相"值不变，为人物的眼睑着色。

第四章 局部精细调整工具的高级使用技法

5. 调整好画笔大小，在人物的眼睑处细心涂抹。当涂抹至睫毛时跳过，随后在眼睑区域再次涂抹，这样睫毛就会智能地被遮挡。

6. 勾选"蒙版选项"复选框，在图像预览窗口中显示蒙版叠加效果，取消勾选"自动蒙版"复选框以便修改已涂抹的区域。单击面板顶部的"从选定调整中清除"图标，设置"羽化"值为100，"流动"值为50（默认值）。

先将画笔调小，清除眼睛内部受到的影响，再将画笔调大（如右图所示），让画笔的边缘靠近眼睛，按住鼠标左键在眼睛周边涂抹（清除）。由于黑白相间圆为渐变区域，消除了眼睛周边后期修图的痕迹。

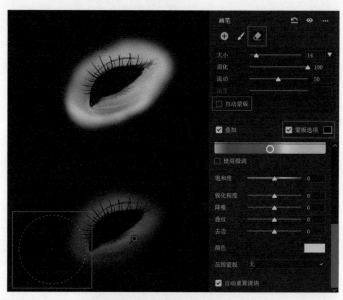

7. 在"画笔"面板顶部单击"创建新调整"图标，勾选"自动蒙版"复选框并展开"更多局部校正设置"菜单，选择"重置局部校正设置"，将所有滑块快速重置为0。

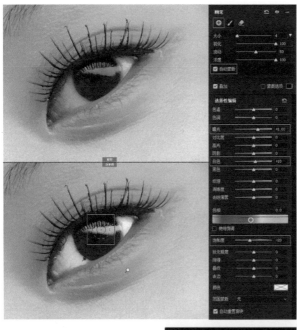

8. 提高人物虹膜处的亮度，让眼睛看起来炯炯有神。

将"曝光"滑块拖曳至+1.00，将"白色"滑块拖曳至+10，使虹膜内的最亮处更加跳跃。将"饱和度"滑块拖曳至-20，降低虹膜的饱和度。调整好画笔大小，在人物的虹膜处小心涂抹。当涂抹区域比较狭小时，让画笔的边缘靠近待涂抹区域，采取多次原地单击的方式，渐变地晕染以完成涂抹任务。

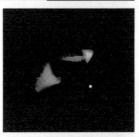

9. 勾选"蒙版选项"复选框，在图像预览窗口中显示蒙版叠加效果，可以发现选区制作得十分完美。

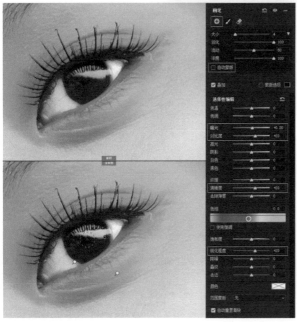

10. 提高人物的虹膜和瞳孔处的深度和锐度。

选择"创建新调整"，取消勾选"自动蒙版"复选框并展开"更多局部校正设置"菜单，选择"重置局部校正设置"，将所有滑块快速重置为0。

将"曝光"滑块拖曳至+0.20、"对比度"滑块拖曳至+20、"清晰度"滑块拖曳至+20，提高虹膜和瞳孔的中间调对比度，将"锐化程度"滑块拖曳至+20，提高虹膜和瞳孔的亮度和锐度。

调整好画笔大小，在虹膜和瞳孔处直接涂抹应用效果。涂抹后的虹膜和瞳孔反差增强了，层次感也有了，眼睛清晰了，效果令人满意。

11. 锐化人物的睫毛和眉毛。选择"创建新调整"，展开"更多局部校正设置"菜单，选择"重置局部校正设置"，将所有滑块快速重置为0。

将"对比度"滑块拖曳至+20、"锐化程度"滑块拖曳至+25。调整好画笔大小，在睫毛和眉毛处快速涂抹。

12. 展开"范围蒙版"下拉菜单，选择"明亮度"。调整"亮度范围"滑块，设置所选明亮度范围的端点。"平滑"滑块用于调整所选"亮度范围"遮罩任意一端的衰减平滑程度。在Windows系统中按住Alt键（Mac系统中按住option键）并拖曳"亮度范围"滑块或"平滑"滑块，可以在图像预览窗口中获得黑白可视化效果，以便更加精确地查看蒙版区域。

13. 在Windows系统中按住Alt键（Mac系统中按住option键）并单击"明亮度"范围蒙版中的"亮度范围"滑块的最右边，可以看到人物的睫毛、眉毛和皮肤都应用了效果。

14. 在Windows系统中按住Alt键（Mac系统中按住option键），拖曳"亮度范围"右边的滑块至39，可以看到人物的睫毛、眉毛与皮肤黑白分离（白色刚开始变暗为最佳数值）。黑色区域被遮挡表示没有应用效果，白色区域表示应用了效果，灰度区域为渐变地应用效果的区域。

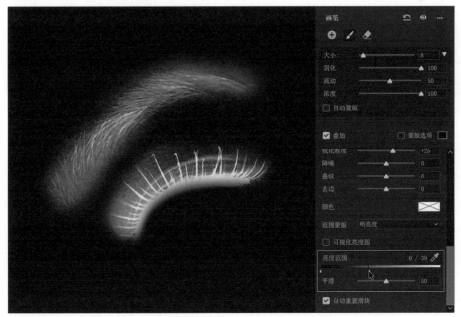

15. 在Windows系统中按住Alt键（Mac系统中按住option键），拖曳"平滑"滑块至37，灰色区域变黑，完成对人物的睫毛和眉毛的精确蒙版控制。

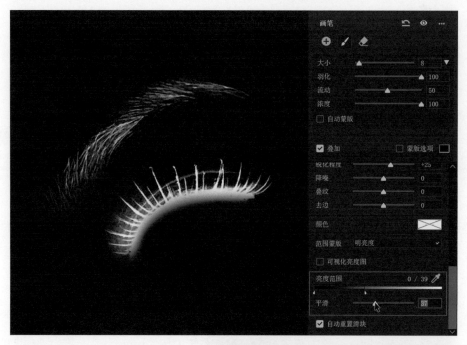

16. 局部精细调整前后效果对比如右图所示。

17. 人像局部精细调整时，美白牙齿非常容易，这里给Camera Raw新手提供一组强力组合"秘籍"，仅供参考。

设置"曝光"值为+0.30、"白色"值为+30、"清晰度"值为-50、"饱和度"值为-50。然后勾选"自动蒙版"复选框，调整好画笔大小，在牙齿区域精心涂抹即可。

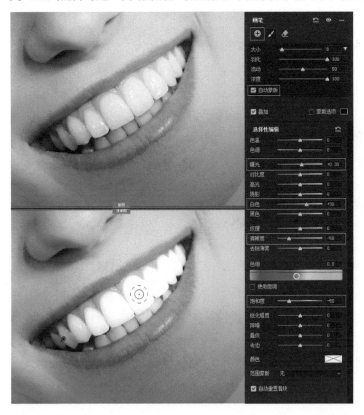

小结

1. 使用"调整画笔"工具并采取直接涂抹法时，对图像增大"曝光"值（+0.50）所产生的效果，和Photoshop中"减淡工具"的效果相似；对图像减少"曝光"值（-0.50）所产生的效果，和Photoshop中"加深工具"的效果相似。

2. 使用直接涂抹法时，画笔不能太小，"羽化"值要保持在100。否则，图像会留有后期修图的痕迹。

3. "明亮度"范围蒙版的使用口诀为：不想让谁（区域）受影响就要调整谁（区域）。也就是说，要将效果应用在高光区域，就要调整阴影部分"亮度范围"滑块；要将效果应用在阴影区域，就要调整高光部分"亮度范围"滑块；要将效果应用在中间调区域，既要调整阴影部分"亮度范围"滑块，也要调整高光部分"亮度范围"滑块。

4. 为图像增加或减小曝光量时，一定要掌控好范围蒙版中的"灰色区域"，因为它是效果渐变区域。

第二节　渐变滤镜工具的高级使用技法

"渐变滤镜"工具可以对图像进行线性渐变调整，类似于传统的中密度渐变滤镜效果。自从"渐变滤镜"面板中有了"范围蒙版"控件，利用"渐变滤镜"工具还可以对图像整体或局部区域进行精细调整，在使用技法上也和以往大不相同。

学习目的： 学习如何使用"渐变滤镜"工具对图像应用线性（或非线性）渐变，在图像外（画布）使用"渐变滤镜"工具，以及如何使用"颜色"范围蒙版。

一、"渐变滤镜"面板控件功能介绍

1. 单击工具栏中的"渐变滤镜"工具图标 （快捷键为G），"编辑"面板自动切换成"渐变滤镜"面板，"渐变滤镜"面板中滑块的功能和"画笔"面板中滑块的功能一致。

2. 在Windows系统中按Ctrl+Z快捷键（Mac系统中按command+Z快捷键）可后退一步，如要撤销多步调整，重复以上操作即可。

（1）如要删除应用效果，可在Windows系统中按住Alt键（Mac系统中按住option键），画笔将自动切换成剪刀工具，单击圆点或连接线将其删除，或者激活白色锚点并按Delete键。若要删除全部应用效果，可单击"渐变滤镜"面板顶部的"重置渐变滤镜"图标（如下图中红色方框所示）。若要新建渐变滤镜，可按快捷键N。

（2）如要隐藏渐变参考线，可勾选"渐变滤镜"面板中的"叠加"复选框。

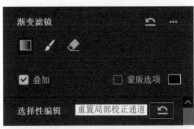

（3）如要将所有滑块重置为0，可单击"重置局部校正通道"图标（如左图中红色方框所示）。

（4）如要清除全部画笔操作，可单击"从选定调整中清除"图标，再单击"清除"按钮。

（5）如要在非渐变区域应用效果，可单击"添加到选定调整"图标（如下图中红色方框所示），调整好画笔大小，在非渐变区域涂抹以应用效果。

第四章 局部精细调整工具的高级使用技法

二、"线性渐变"的高级使用技法

使用"渐变滤镜"工具，配合画笔可达到渲染或弱化局部区域的目的。

1. 在Camera Raw中打开案例图像，展开"渐变滤镜"面板，设置"色温"值为-8、"曝光"值为-0.80，压暗天空并添加淡淡的冷色调效果；设置"对比度"值为-30，降低天空压暗给图像带来的顶部高反差；设置"高光"值为-100、"白色"值为-28，弱化天空亮部区域，有利于突出主体；设置"阴影"值为+30，使被压暗的天空暗部细节恢复；设置"纹理"值为-10、"清晰度"值为-10、"去除薄雾"值为-10、"锐化程度"值为-52，柔化天空；设置"饱和度"值为-20，降低天空压暗给图像增高的饱和度。

按住Shift键（使渐变滤镜的走向为直线）由上至下拉出渐变效果。绿白相间线处效果最强，红白相间线处效果最弱，两个圆点之间的虚线为效果渐变区域。

2. 如果对天空应用的效果还不够，可在两个圆点间的虚线上按住鼠标左键并往下拖曳直到效果令人满意。

3. 图像的前景比较亮，因此需要弱化前景才能突出主体。单击"渐变滤镜"面板顶部的"添加到选定调整"图标，拖曳"流动"滑块至25（添加应用效果的25%），调整好画笔大小，在前景区域涂抹以应用效果（不要来回涂抹，否则应用效果会叠加）。勾选"蒙版选项"复选框，在图像预览窗口中显示蒙版叠加效果。

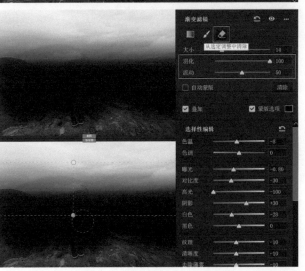

4. 单击"渐变滤镜"面板顶部的"从选定调整中清除"图标，设置"羽化"值为100、"流动"值为50（默认值），调整好画笔大小，在主体区域涂抹以应用效果。

5. 调整前后效果对比如左图所示。

三、"渐变晕影效果"的高级使用技法

在"渐变滤镜"面板中可以为图像制作神奇的、不规则的晕影效果，对图像局部区域进行任意精细的调整。其最大的优点是可充分利用RAW格式的宽容度，制作出来的晕影效果更加逼真自然。

1. 在Camera Raw中打开案例图像，切换到"配置文件"面板，在"Camera Matching"组别中选择"非彩色"，单击"后退"，返回"编辑"面板。

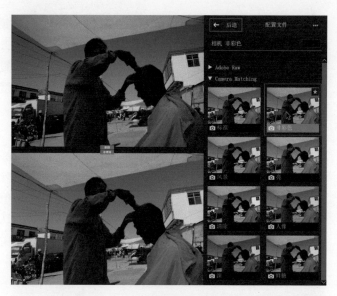

2. 展开"基本"面板，设置"色温"值为5300、"曝光"值为+1.90、"对比度"值为+30、"高光"值为−64、"阴影"值为+50、"黑色"值为−12、"纹理"值为+20、"清晰度"值为+10、"自然饱和度"值为−15、"饱和度"值为−8（编辑效果只考虑主体，不在意背景，背景用"渐变滤镜"工具进行弱化处理）。

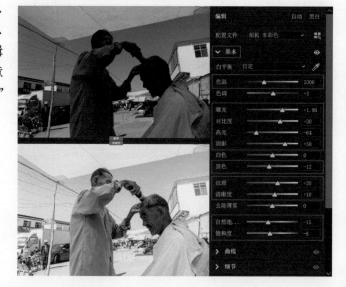

3. 展开"渐变滤镜"面板，设置"曝光"值为–1.50，目的是压暗周边环境，制作晕影效果；设置"对比度"值为–25，降低大压光给图像带来的高反差；设置"高光"值为–20、"白色"值为–20，降低晕影区域的高光亮度，有利于弱化背景；设置"阴影"值为+25，使晕影区域暗部细节恢复；设置"纹理"值为–25、"清晰度"值为–5、"锐化程度"值为–52，柔化背景；设置"饱和度"值为–20，削弱晕影区域的颜色强度（所有设置都可以在应用效果后再微调）。

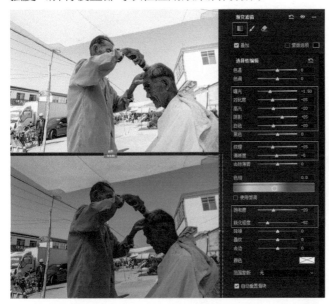

按住Shift键（使渐变滤镜的走向为直线），在画布上由里向外（从靠近图像向远离图像的方向）拉出渐变效果。由于渐变滤镜应用在画布上，所以图像全部被压暗和柔化。

4. 单击面板顶部的"从选定调整中清除"图标 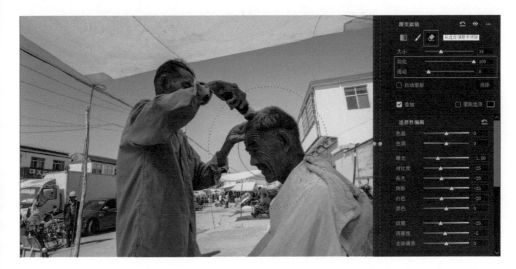，调整画笔"大小"值为100、"羽化"值为100，"流动"值为8，在图像的主体处单击一次，以视觉点为中心向图像外围应用8%的恢复量。按两次[键（英文输入法），缩小画笔"大小"值至90，在图像的主体处再次单击，如此循环再操作8次，画笔"大小"值缩小至34。

5. 循环操作后，将画笔"大小"值缩小至34，主体区域也恢复了80%的应用效果。这时画笔的大小正好适合制作图像不规则渐变晕影效果。

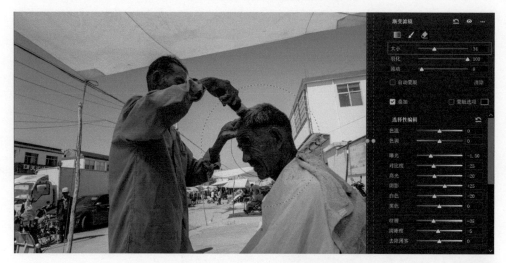

6. 在剃头匠和其他想恢复细节的区域小心单击（不能涂抹）并仔细观察恢复效果。

7. 缩小画笔，继续在剃头匠手上边单击边查看效果。

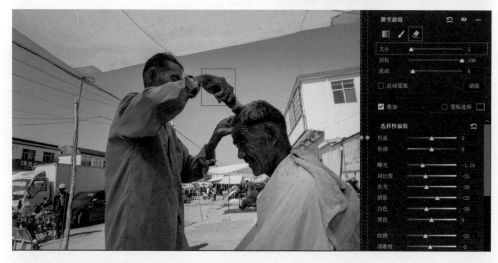

8. 勾选"蒙版选项"复选框，在图像预览窗口中显示蒙版叠加效果，协助查看涂抹区域准确范围（查看后要及时取消勾选"蒙版选项"复选框，否则会影响下一步的操作）。图像显示的区域应用了效果，而黑色区域被遮挡，灰度区域为应用渐变效果区域。

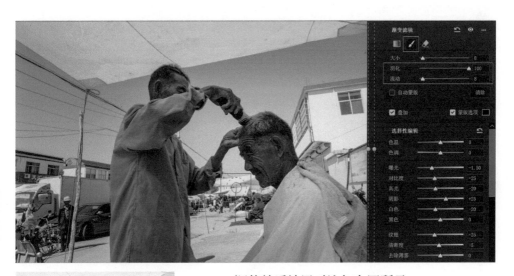

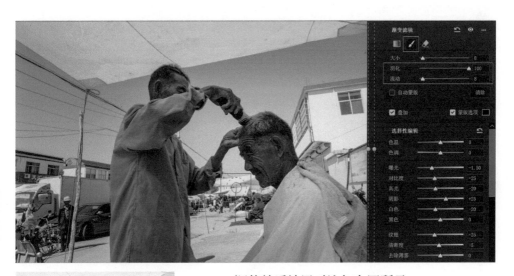

9. 如果某些区域的晕影效果没有达到要求，可单击面板中的"添加到选定调整"图标 ，对某些该弱化的区域再次添加晕影效果（"羽化"值为100，"流动"值为8）。

10. 调整前后效果对比如左图所示。

四、"颜色"范围蒙版应用于局部精细调整的高级使用技法

案例图像是一张白天拍摄的深秋柿子树的照片，现在想把它调整成晚间拍摄的

效果。调整过程中会使用
"颜色"范围蒙版，它可
以检测到光线和对比边缘
的变化，并依据选取的颜
色和色调，给图像制作精
准的蒙版选区，以便进行
局部精细调整。

1. 在Camera Raw中
打开案例图像，切换到
"配置文件"面板，在
"Adobe Raw"组别中选
择"Adobe 颜色"，增强
图片中的色调。单击"后
退"，返回"编辑"面板。

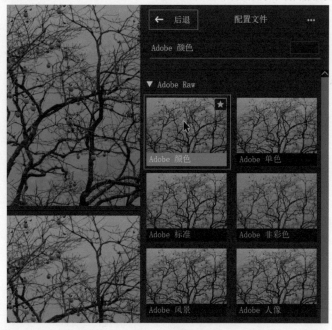

2. 展开"基本"面板，设置图像"曝光"值为–2.80，压暗整幅图像；设置"对比度"
值为–81，减弱压暗图像带来的高反差效果；设置"高光"值为–100、"阴影"值为
+100、"白色"值为–100、"黑色"值为+18。以上设置的目的是仿制晚间柔和光的效果；
将"色温"滑块拖曳至3650，给图像添加冷色调，白天变晚间初步完成。

3. 展开"渐变滤镜"面板，单击"颜色"控件右边的"颜色"样本框，弹出"拾
色器"对话框。预设"色相"值为40、"饱和度"值为100，给应用效果区域添加暖

色调，单击"确定"按钮；设置"曝光"值为+1.50，给应用效果区域添加亮度；设置"清晰度"值为–100，降低应用效果区域中间调的对比度，达到柔化的目的。按住Shift键，在画布中由里向外拉出渐变效果。

4. 展开"范围蒙版"下拉菜单，选择"颜色"。默认情况下，"范围蒙版"设置为"无"（不可用）。

5. 鼠标指针在图像预览窗口中显示为"滴管"图标，此时的色彩"范围"滑块不能使用；只有在图像中选择颜色样本后，色彩"范围"滑块才会被激活，才会开启"颜色"范围蒙版智能模式。

6. 在图像中单击取样最多可以选择5个颜色样本。

7. 为了选择更多的颜色，创建精准的蒙版选区，不采取单击取样的方式，而是使用鼠标拖曳出颜色样本区域。

8. 按住 Shift 键可给图像添加多个样本，多个样本颜色相加，可使"颜色"范围蒙版选区更加精准。

柿子显示在灰色区域，说明柿子的颜色没有完全被选中，需要再次添加颜色样本。

9. 若要退出颜色取样，可按 Esc 键或单击"样本颜色"右侧的滴管样式图标 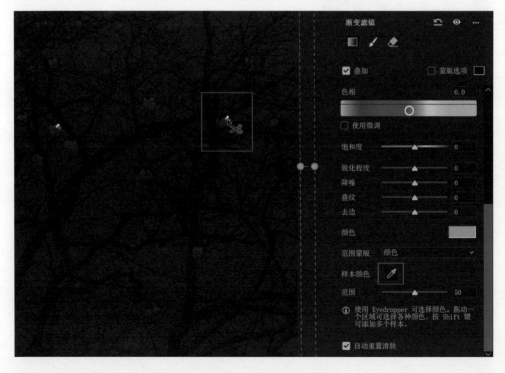。如要删除颜色样本取样点，可在 Windows 系统中按住 Alt 键（Mac 系统中按住 option 键），画笔自动切换成剪刀工具，单击取样点即可。

如需撤销上次的调整，可在 Windows 系统中按 Ctrl+Z 快捷键（Mac 系统中按 command+Z 键），如需撤销多步调整，重复按 Ctrl+Z 快捷键即可。

10. 在Windows系统中按住Alt键（Mac系统中按住option键）并单击色彩"范围"滑块，可以看到少量背景区域呈现白色，说明图像受到效果影响。

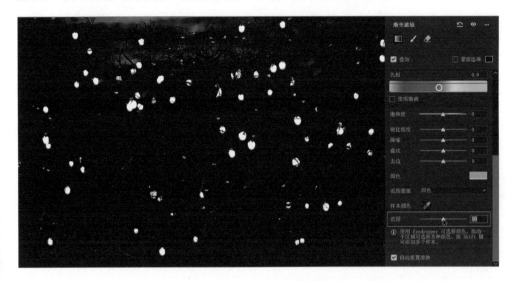

11. 在Windows系统中按住Alt键（Mac系统中按住option键）并拖曳色彩"范围"滑块至30（背景区域刚好消失，为最佳数值），背景区域与柿子黑白分离，黑色区域被遮挡，白色区域应用了效果。

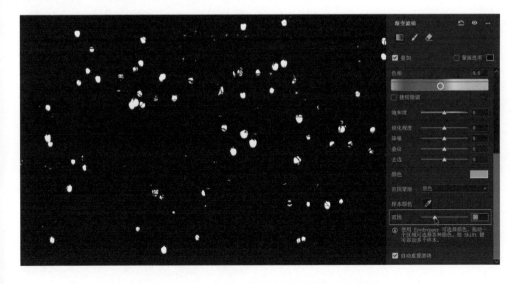

12. 把柿子调成金黄色。单击"颜色"样本框，弹出"拾色器"对话框，将"色相"值修改为32，单击"确定"按钮；将"曝光"值修改为+1.50，微调后的效果令人满意。

13. 调整前后效果对比如右图所示。

五、"明亮度"范围蒙版应用于局部精细调整高级使用技法

通过"明亮度"范围蒙版设置阴影和高光的起始点，使用"平滑"滑块来优化选区，并配合具有擦除功能的画笔，对图像局部进行精细调整。为案例图像的天空添加冷、暖色调效果，并降低天空的明亮度渲染气氛。

1. 在Camera Raw中打开案例图像，切换到"配置文件"面板，在"Adobe Raw"组别中选择"Adobe 风景"，单击"后退"，返回"编辑"面板。

2. 在工具栏中单击"污点去除"工具图标，在"修复"面板中设置"羽化"值为0、"不透明度"值为100（默认值），调整好画笔大小，以涂抹的方式去除图像中的污点。

3. 展开"基本"面板，设置图像"色温"值为7100、"色调"值为+20，给图像添加暖色调并减少绿色；设置"曝光"值为+0.18，提高图像整体的明亮度；设置"对比度"值为–18，降低逆光拍摄给图像带来的高反差；设置"高光"值为–72，使图像的高光恢复细节；设置"阴影"值为+38，丰富图像阴影区域的细节；设置"白色"值为+35，使天空明暗对比增强；设置"黑色"值为–22，调整图像中的黑场；设置"清晰度"值为+18，提高图像的中间调对比度；设置"自然饱和度"值为+23，使天空的蓝色活跃起来；设置"饱和度"值为+10，提升图像整体的颜色强度。

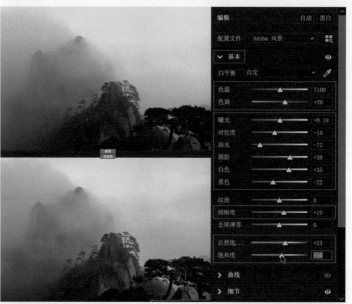

4. 展开"渐变滤镜"面板，将"曝光"滑块拖曳至–2.30、"去除薄雾"滑块拖曳至–23，压暗天空并给天空添加薄雾效果。按住Shift键（使渐变滤镜走向为直线）在图像上由上至下拉出渐变效果。

5. 在"范围蒙版"下拉菜单中选择"明亮度",选择"亮度范围"中的滴管工具,在图像中按住鼠标左键并拖曳出要调整的亮度区域(建议选择一个较小的区域以缩小特定的亮度范围)。"亮度范围"中的滴管工具可根据选区优化亮度范围。

6. 勾选"可视化亮度图"复选框,可以在图像预览窗口中获得黑白可视化效果,有利于更精确地查看蒙版区域。红色部分为应用了蒙版的实际区域,即应用了明亮度和局部调整的交叉选区(红色越浓表示应用效果越强)。阴影部分对应的"亮度范围"的左侧滑块依据选取的亮度区域自动调整至30,暗部区域的山峰被遮挡,天空和极少部分岩石应用了效果(由于岩石的亮度受到了影响,稍后将使用具有橡皮擦功能的画笔来削弱应用的效果)。

7. 拖曳"平滑"滑块至75，扩展暗部山峰的区域。

8. 取消勾选"可视化亮度图"复选框，单击"渐变滤镜"面板顶部的"从选定调整中清除"图标 ，设置"羽化"值为100、"流动"值为8；勾选"自动蒙版"复选框，开启擦出画笔的智能遮挡模式，调整好画笔大小，在主体岩石处边单击边查看恢复效果，渐变均匀地恢复主体岩石的亮度。

勾选"蒙版选项"复选框，在图像预览窗口中显示蒙版叠加效果，协助查看涂抹区域准确范围（查看后要及时取消勾选"蒙版选项"复选框，否则会影响下一步的操作）。图像中的白色区域应用了效果，而黑色区域被遮挡，灰度区域为应用渐变效果区域。

9. 单击面板顶部的"创建和编辑调整"图标，退出擦除画笔工具回到滤镜编辑状态，在图像预览窗口中单击鼠标右键，在弹出的上下文菜单中选择"复制"（复制的目的是借用滤镜里的岩石蒙版）。

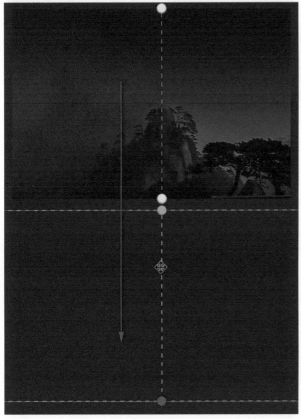

10. 将复制后的渐变滤镜拖曳至图像的底部。

11. 由于复制的目的是借用滤镜里的岩石蒙版，所以拖曳渐变滤镜后要及时修改滤镜中的参数数值。在图像预览窗口中单击鼠标右键，在弹出的上下文菜单中选择"重置局部校正设置"，将其他滑块快速重置为0。"明亮度"范围蒙版所有设置保持不变（稍后将修改它的蒙版区域，只借用岩石的蒙版）。

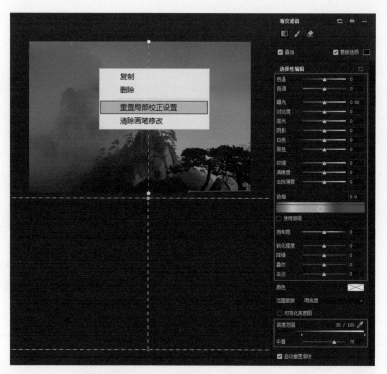

12. 单击"颜色"样本框，弹出"拾色器"对话框，设置"色相"值为212、"饱和度"值为64，并单击"确定"按钮，添加冷色调效果；设置"曝光"值为–0.80、"高光"值为–17，降低天空阴影区域的亮度；设置"去除薄雾"值为–13，给天空阴影区域添加淡淡的薄雾效果来渲染气氛。

13. 重设"明亮度"范围蒙版里的"亮度范围"数值，在Windows系统中按住
Alt键（Mac系统中按住option键），拖曳阴影部分对应的"亮度范围"滑块至21，
较暗的阴影区域被遮挡。

14. 在Windows
系统中按住Alt键
（Mac系统中按住
option键），拖曳高
光部分对应的"亮
度范围"滑块至80，
"平滑"设置保持不
变，天空高光区域
被遮挡、阴影区域
添加了冷色调效果。

第四章　局部精细调整工具的高级使用技法

15. 给图像高光区域添加暖色调效果。按N键新建一个"渐变滤镜"，单击"重置局部校正通道"图标 ，将所有滑块快速重置为0（或者展开"更多局部校正设置"菜单，选择"重置局部校正设置"，将所有滑块快速重置为0）。

16. 单击"颜色"样本框，弹出"拾色器"对话框，设置"色相"值为33、"饱和度"值为51，单击"确定"按钮。拖曳"曝光"滑块至+0.25，提高暖色调的明亮度。按住Shift键（使渐变滤镜的走向为直线），在画布中由里向外拉出竖向的渐变效果，给图像整体渲染暖色调。

17. 展开"明亮度"范围蒙版，在Windows系统中按住Alt键（Mac系统中按住option键），拖曳阴影部分对应的"亮度范围"滑块至95，阴影区域被遮挡，天空的高光区域应用了效果。

18. 在 Windows 系统中按住 Alt 键（Mac 系统中按住 option 键），拖曳"平滑"滑块至 5，收缩应用效果的区域，对天空中极小的高光区域应用暖色调效果。

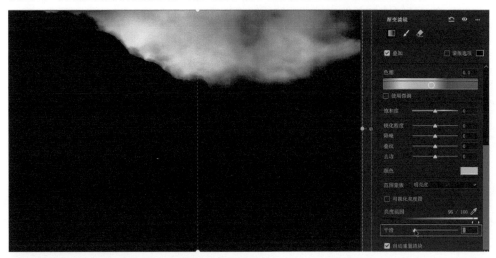

19. 使用"渐变滤镜"工具给图像添加冷、暖色调效果前后对比如左图所示。

小结

很多刚接触 Camera Raw 的新手，对何时使用"明亮度"范围蒙版，何时使用"颜色"范围蒙版较为疑惑。总的来说，当调整区域明暗反差较大时，选择"明亮度"范围蒙版；当调整区域色彩反差较大时，选择"颜色"范围蒙版；当调整区域的明暗和色彩反差同时存在时，两个范围蒙版都可以。

第三节 径向滤镜工具的高级使用技法

"效果"面板可以对裁剪后的图像中心区域创建晕影效果。而"径向滤镜"面板可以给不规则的任意区域，添加多个圆形或椭圆形渐变晕影效果。使用"径向滤镜"工具配合"范围蒙版"，可以给图像的主体创造更加神奇的渐变晕影效果或对局部进行精细调整。

学习目的： 学习"径向滤镜"工具局部精细调整的各种高级使用技法，特别是双滤镜重叠法（既能弱化周边环境——外部区域，又能渲染主体——内部区域）。

一、"径向滤镜"面板控件功能介绍

单击工具栏中的"径向滤镜"工具图标◉（快捷键为J），"编辑"面板自动切换成"径向滤镜"面板。面板中控件的功能和"画笔"面板中控件的功能一致。不同的是，"径向滤镜"面板多了一个"反相"选项。

在图像中，按住Shift键并拖曳鼠标指针，可以创建圆形径向滤镜；直接拖曳鼠标指针，可以创建椭圆形径向滤镜（后退和删除操作可参照"渐变滤镜"工具的使用方法）。

"反相"：在外部和内部之间切换滤镜效果，按X键可切换效果方向。

"羽化"：调整滤镜应用效果（内部或外部）的衰减程度，默认值为50。

二、传统晕影效果的高级使用技法

使用"径向滤镜"面板制作传统渐变晕影效果时，在设置好各控件后，只需在图像中双击即可应用。

1. 展开"径向滤镜"面板，设置"曝光"值为–0.50、"对比度"值为–8、"高光"值为–20、"阴影"值为+20、"黑色"值为+5、"纹理"值为–5、"羽化"值为100，勾选"反相"复选框。在图像任意处双击即可应用效果。这是非常实用的一组滤镜设置组合，专门用于制作传统渐变晕影效果。读者如果喜欢，可以将其设置为预设。

2. 如果感觉晕影效果不强烈，可在图像中单击鼠标右键，弹出上下文菜单，选择"复制"，再次对图像应用晕影效果。

选择"删除"，可删除单次应用的效果；选择"重置局部校正设置"，所有控件滑块将重置为0；选择"清除画笔修改"，等同于在"画笔"面板中使用清除功能；在径向滤镜没有填充整个画面时，选择"填充图像"，可将径向滤镜填满整个画面。

3. 如果径向滤镜闭合，即显示白色锚点，激活白色锚点（鼠标指针靠近白色锚点，当鼠标指针变成箭头形状时，单击即可激活），否则无法复制滤镜效果。

4.为了弱化背景，突出主体，在面板顶部单击"从选定调整中清除"图标，设置"羽化"值为100，"流动"值为50，不要勾选"自动蒙版"复选框。调整好画笔大小，采取直接涂抹的方式在主体处涂抹以清除应用的效果。

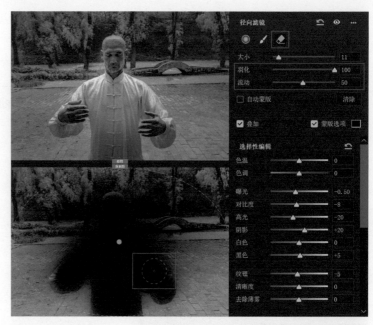

5. 调整前后效果对比如右图所示。

三、不规则晕影效果的高级使用技法

制作不规则的晕影效果是"径向滤镜"工具的强项。

1. 在Camera Raw中打开案例图像,切换到"配置文件"面板,在"Camera Matching"组别中选择"风景",单击"后退",返回"编辑"面板。

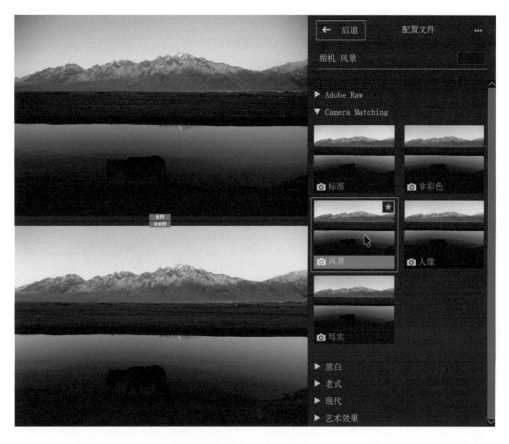

2. 展开"径向滤镜"面板，将"曝光"滑块拖曳至–2.00，压暗天空及周边的亮度，勾选"反相"复选框（将编辑效果应用于"径向滤镜"的外部）。在毛驴处按住鼠标左键并拖曳绘制一个大的椭圆形选区，天空及周边区域应用晕影效果。

3. 在图像中单击鼠标右键，在弹出的上下文菜单中选择"复制"；再次单击鼠标右键，在弹出的上下文菜单中，选择"重置局部校正设置"，将所有滑块重置为0；取消勾选"反相"复选框（将编辑效果应用于"径向滤镜"的内部）；将"曝光"滑块拖曳至+0.85，提高毛驴及周边环境的亮度。这就是双滤镜重叠法。

4. 调整前后效果对比如右图所示。

四、局部精细晕影效果高级使用技法

在"不规则晕影效果的高级使用技法"案例的基础上使用"径向滤镜"工具配合"颜色"范围蒙版制作局部精细晕影效果。

1. 展开"径向滤镜"面板，单击"颜色"样本框，弹出"拾色器"对话框，设置"色相"值为45、"饱和度"值为100，并单击"确定"按钮，用暖色调渲染水中山峰倒影。取消勾选"反相"复选框（将编辑效果应用于径向滤镜的内部），在山峰倒影处按住鼠标左键并拖曳出一个细小的椭圆形选区，实现由中心向选定区域渐变的晕影效果。

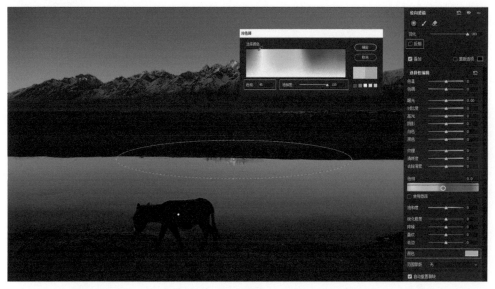

2. 放大图像并展开"范围蒙版"下拉菜单，选择"颜色"，在山峰倒影处按住鼠标左键并拖曳出颜色样本区域，松开鼠标，山峰之外的暖色区域被智能地遮挡了。

3.在Windows系统中按住Alt键（Mac系统中按住option键），并拖曳色彩"范围"滑块至39，山峰倒影上方的草原和水面区域被遮挡，山峰应用了编辑效果呈金黄色。

图像中的白色区域应用了效果，而黑色区域被遮挡，灰度区域为应用渐变效果的区域。

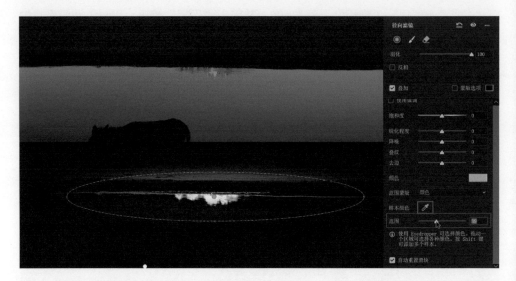

4. 按Esc键退出颜色取样，或单击"样本颜色"右侧的滴管样式图标 ✐。在图像中单击鼠标右键，在弹出的上下文菜单中选择"复制"。

如要删除颜色样本取样点，可在Windows系统中按住Alt键（Mac系统中按住option键），画笔自动切换成剪刀工具，单击取样点即可。

| 复制 |
| 删除 |
| 填充图像 |
| 重置局部校正设置 |
| 清除画笔修改 |

如需撤销上次的调整，在Windows系统中按Ctrl+Z快捷键（Mac系统中按command+Z快捷键）。如需撤销多步调整，重复按Ctrl+Z快捷键即可。

5. 将图像恢复初始视图大小，按住Shift键（可以在水平或垂直方向移动效果），将复制后的效果垂直移动到图像顶部山峰位置，只有山峰顶部光照区域应用了暖色调效果。

6. 按住 Shift 键并向左拖曳效果，在保持长宽比不变的情况下扩展效果应用范围，使左右两边的光照区域也应用暖色调效果。

7. 调整前后效果对比如左图所示。

使用"径向滤镜"工具配合"明亮度"范围蒙版制作局部精细晕影效果，弱化周边环境，突出主体（小女孩）。

1. 在 Camera Raw 中打开案例图像，切换到"配置文件"面板，在"Camera Matching"组别中选择"人像"，单击"后退"，返回"编辑"面板。

2. 选择"径向滤镜"工具，将"曝光"滑块拖曳至+1.00，在图像调整区域提亮渐变晕影效果，取消勾选"反相"复选框（将编辑效果应用于径向滤镜的内部）。按住 Shift 键，并在小女孩眼睛处拖曳绘制一个大的圆形调整区域。

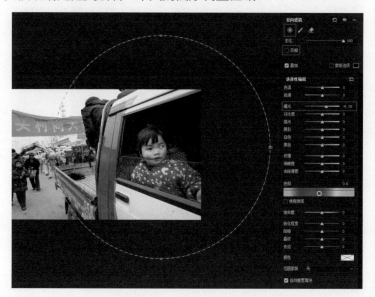

3. 展开"范围蒙版"下拉菜单，选择"明亮度"，在Windows系统中按住Alt键（Mac系统中按住option键），并拖曳高光部分"亮度范围"滑块至97，天空被智能地遮挡了。

4. 在Windows系统中按住Alt键（Mac系统中按住option键），并拖曳"平滑"滑块至34，图像中的白色区域应用了效果，而黑色区域被遮挡，灰度区域为应用渐变效果区域，小女孩被完美渲染。

5. 按N键新建一个径向滤镜，单击"重置局部校正通道"图标 ⤺，将所有滑块快速重置为0（或者展开"更多局部校正设置"菜单，选择"重置局部校正设置"，将所有滑块快速重置为0）。

将"曝光"滑块拖曳至-2.00，在图像调整区域压暗渐变晕影效果，勾选"反相"复选框（将编辑效果应用于"径向滤镜"的外部）。在小女孩眼睛处按住鼠标左键并拖曳，绘制一个椭圆形调整区域。

6. 为了不影响地面上的人物，需要旋转调整区域。当鼠标指针在调整区域边缘出现双向箭头时，按住Shift键，可旋转调整区域，每次旋转的角度固定为15°。

7. 展开"范围蒙版"下拉菜单，选择"明亮度"，在Windows系统中按住Alt键（Mac系统中按住option键），并拖曳阴影部分"亮度范围"滑块至62，阴影区域被智能地遮挡。

8. 在 Windows 系统中按住 Alt 键（Mac 系统中按住 option 键），并拖曳"平滑"滑块至 75，扩展调整区域范围，让周边的渐变效果过渡自然。

图像中的白色区域应用了效果，而黑色区域被遮挡，灰度区域为应用渐变效果的区域。

使用"径向滤镜"工具配合"明亮度"范围蒙版制作的局部精细晕影，效果显著，既弱化了周边环境，又突出了主体。

9. 调整前后效果对比如左图所示。

小结

双滤镜重叠法在实际修图过程中的作用显著。由于渐变区域的长宽比不变、"羽化值"不变，所以渐变区域可以无痕迹地衔接，内外（应用效果区域）过渡自然，从而达到弱化周边环境，突出主体的目的。

第五章

高光比图像的
高级处理技法

在后期修图过程中，部分摄影师在面对高光比、大反差的图
像时，束手无策，处理后的图像往往后期修图痕迹重、图像失真。
本章推荐两个特殊方法，"之字法"和"三击法"，可以轻松处理高
光比、大反差的图像。

第一节 "之"字法

　　"之"字法就是在"基本"面板中，将"高光"滑块向左拖曳，将"阴影"滑块向右拖曳，将"白色"滑块向左拖曳，形成"之"字形。

　　学习目的：学习高光比、大反差图像的修图技巧。

　　1. 在Camera Raw中打开案例图像，在工具栏中单击"污点去除"工具图标，展开"修复"面板，设置"羽化"值为0、"不透明度"值为100，调整好画笔大小，去除图像中的污点。

　　2. 展开"基本"面板，单击"阴影修剪警告"和"高光修剪警告"按钮，图像中红色部分表示高光溢出，蓝色部分表示阴影溢出。

第五章　高光比图像的高级处理技法

3. 将"高光"滑块拖曳至-100，高光溢出警告消除；将"阴影"滑块拖曳至+100，阴影溢出警告消除；将"白色"滑块拖曳至-100，恢复高光溢出区域的细节。

4. 将"曝光"滑块拖曳至+1.25、"对比度"滑块拖曳至-21（图像反差太大，降低对比度可获得柔和的效果）、"黑色"滑块拖曳至-18、"纹理"滑块拖曳至+10、"清晰度"滑块拖曳至-5、"去除薄雾"滑块拖曳至+22，完成影调的调整。

5. 切换到"配置文件"面板，在"Adobe Raw"组别中选择"Adobe 风景"，增强图像的色调。单击"后退"，返回"编辑"面板。

6. 将"色温"滑块拖曳至5100、"自然饱和度"滑块拖曳至+42、"饱和度"滑块拖曳至+10，完成色调的调整。画面过渡自然，没有后期处理的痕迹。

7. 调整前后效果对比如左图所示。

小结

1. "之"字法的技巧是设置"高光"值为–100、"阴影"值为+100、"白色"值为–100，这是处理高光比、大反差图像的关键步骤。

2. "对比度"值一定要减小，直至视觉能看到反差效果，千万不能增大"对比度"值，因为图像的反差太大了。虽然"之"字法解决了高光比的问题，但是图像的大反差依然存在。如果提高对比度，图像将变得干涩。

3. 处理高光比、大反差图像时，先要解决图像的影调问题，才能选择合适的配置文件。

第二节　三击法

"三击法"就是第一步使用"渐变滤镜"工具，将"曝光"值减小，由上向下拉出一个渐变效果；第二步再将"曝光"值增大，由下向上拉出一个渐变效果；第三步使用"径向滤镜"工具，将"曝光"值增大，取消勾选"反相"复选框，由暗部区域视觉点向外拉出一个大渐变效果。"三击法"非常适合天际线比较明显的图像。

学习目的：学习使用"三击法"调整高光比、大反差图像的技巧。

1. 在Camera Raw 中打开案例图像，在工具栏中选择"污点去除"工具，展开"修复"面板，设置"羽化"值为0，"不透明度"值为100，调整好画笔大小，去除图像中的污点。

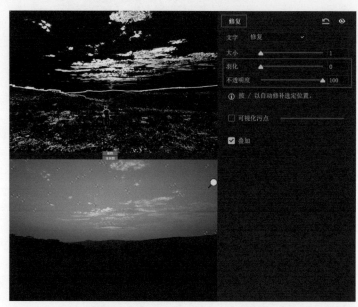

2. 选择"渐变滤镜"工具，将"曝光"滑块拖曳至-1.00，按住Shift键（使渐变效果的走向为直线），由上向下拉满一个渐变效果（由图像的顶部至图像的底部），压暗天空。

3. 按住Shift键，由下向上拉满一个渐变效果（由图像的底部至图像的顶部），并将"曝光"滑块拖曳至+1.00，提亮暗部区域。

4. 选择"径向滤镜"工具，将"曝光"滑块拖曳至+1.40，取消勾选"反相"复选框（将编辑效果应用于"径向滤镜"的内部），从暗部区域视觉点向外拉出大渐变效果，渲染主体。使用"三击法"调整高光比、大反差图像的步骤结束。

5. 展开"配置文件"，在"Adobe Raw"组别中选择"Adobe 风景"，单击"后退"，返回"编辑"面板。

6. 展开"基本"面板，设置"自然饱和度"值为+53、"饱和度"值为+10，渲染图像的色调。

7. 画面中的影调柔和、光影自然。调整前后效果对比如下图所示。

小结

对于天际线比较复杂的图像，需要配合"明亮度"范围蒙版完成"三击法"的修图。

第六章

Camera Raw 图像锐化和减少杂色功能的高级使用技法

如何在Camera Raw中锐化图像和减少杂色？如何把握锐化的程度和减少杂色的尺度？"细节"调整面板中各滑块之间有什么联动关系？这些问题都将在本章具体的案例中得到详解。

第一节　锐化功能的高级使用技法

目前为止，所有RAW格式的图像用Camera Raw打开后都需要进行锐化处理，因为RAW格式图像是未经处理的原始图像；另外，图像在打印过程中，原始信息会相应地减少，同时图像的锐度也会降低，所以在Camera Raw中锐化处理十分重要。

在Camera Raw中，要分3次对图像进行锐化，才能确保图像的最终打印效果良好。首先，在"细节"面板中对图像进行初始锐化；然后，在对图像局部区域精细调整时对图像增强锐化（或反向锐化）；最后，对图像进行输出锐化。

JPEG格式的图像在Camera Raw中进行初始锐化时要谨慎，因为相机已经自动给图像应用了初始锐化并减少了杂色。

学习目的：学习"细节"面板"锐化"组控件的高级使用技法；掌握"锐化""半径""细节""蒙版"相互之间的抑制关系；学习为不同图像选取不同锐化方法的技巧。

一、锐化相关控件的功能介绍

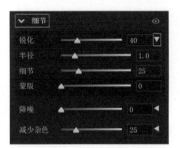

展开"细节"面板，单击"锐化"滑块右边的三角形按钮，显示所有"锐化"组滑块。"锐化"组有4个滑块，分别是"锐化""半径""细节""蒙版"。

（1）锐化：调整图像边缘的锐化程度。"锐化"值越高，锐化效果越强。默认值为40；对于JPEG格式图像，默认值为0。

Windows系统中按住Alt键（Mac系统中按住option键）并拖曳滑块，可以在图像预览窗口中获得黑白可视化效果，以便更加清晰地查看锐化效果。

（2）半径：调整图像边缘锐化向外延伸的程度。具有微小细节的图像一般需要设置较小的半径，具有较粗略细节的图像可以使用较大的半径。使用的半径太大通常会产生不自然的外观效果。"半径"值默认为1。

Windows系统中按住Alt键（Mac系统中按住option键）并拖曳滑块，可在灰度视图下查看半径向外延伸的程度。

（3）细节：调整图像边缘锐化影响的细节区域范围。较小的值主要锐化边缘以消除模糊，较大的值有助于使图像中的纹理更显著。其默认值为25，低于25的数值都将有效抑制图像边缘的锐化程度。

Windows系统中按住Alt键（Mac系统中按住option键）并拖曳滑块，可在灰度视图下查看细节应用区域。

（4）蒙版：给图像边缘细节添加滤镜蒙版。设置为0时，图像中的所有部分均接受等量的锐化；设置为100时，锐化主要限制在饱和度最高的边缘附近的区域。

Windows系统中按住Alt键（Mac系统中按住option键）并拖曳滑块，可在灰度视图下查看要锐化的白色区域和被遮罩的黑色区域。

二、锐化方法

1.通用锐化

对于比较柔和的图像，锐化时一般采取"三小一大"的原则，即小锐化、小半径、小细节和大蒙版。这样的组合既能保证图像主体边缘的锐度也能避免其他区域过度锐化。

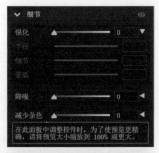

（1）在Camera Raw中打开案例图像，展开"细节"调整面板，面板底部有提示："在此面板中调整控件时，为了使预览更精确，请将预览大小缩放到100%或更大。"

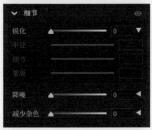

（2）将图像直接放大至100%，Camera Raw中的放大预览提示消失。

（3）按住空格键将主体内容移动至合适位置，Windows系统中按住Alt键（Mac系统中按住option键）并拖曳"锐化"滑块至31（拖曳滑块时最好先将其恢复至0，然后边增大数值边观察锐化效果）。

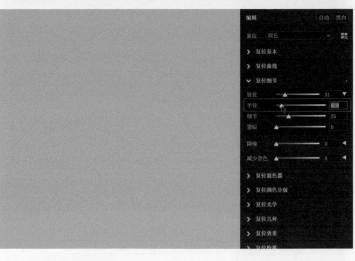

（4）Windows系统中按住Alt键（Mac系统中按住option键）并拖曳"半径"滑块至0.8，荷花细节较粗的边缘区域将应用锐化效果，而图像中的柔和区域呈现灰色，表示没有应用效果。

（5）Windows系统中按住Alt键（Mac系统中按住option键）并拖曳"细节"滑块至20，可以看到图像中应用锐化的区域减少了，只有荷花最宽的边缘区域得到了锐化。

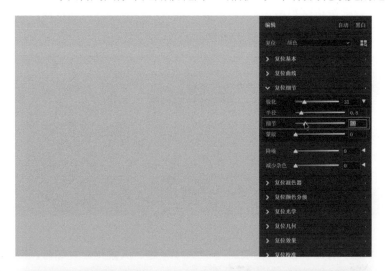

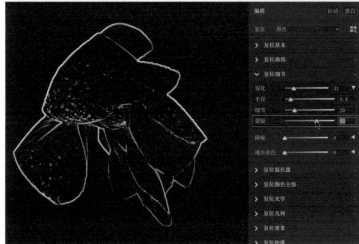

（6）Windows系统中按住Alt键（Mac系统中按住option键）并拖曳"蒙版"滑块至65，图像中的白色区域应用了锐化效果，黑色区域被遮挡，表示没有应用锐化效果。

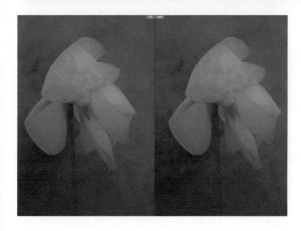

（7）锐化前后效果对比如左图所示。

2. 人像锐化

人像锐化也应采取"三小一大"的原则，即小锐化、小半径、小细节和大蒙版。设置如下："锐化"值为40、"半径"值为0.8、"细节"值为25、"蒙版"值为75。既保证了人像五官的锐化，也抑制了人像皮肤的锐化。

3. 风景锐化

风景锐化应采取"两小两大"的原则，即小半径、小蒙版、大锐化和大细节。设置如下："锐化"值为55、"半径"值为0.8、"细节"值为60、"蒙版"值为15。这样的组合既保证了风景图像中细小狭长的边缘得到有效锐化，又使得其他有细节的区域也得到锐化。

4. 轻微锐化

轻微锐化应采取"四小"的原则，即小锐化、小半径、小细节和小蒙版。设置如下："锐化"值为31、"半径"值为0.8、"细节"值为20、"蒙版"值为20。这样的组合很适合低ISO、具有动感效果的柔和图像。

5. 老人中近景锐化

老人中近景锐化应采取"三大一小"的原则，即大锐化、大半径、大细节和小蒙版。设置如下："锐化"值为65、"半径"值为1.4、"细节"值为75、"蒙版"值为8。这样的组合特别适合纪实摄影中老年人的中近景锐化，能刻画出岁月的痕迹。

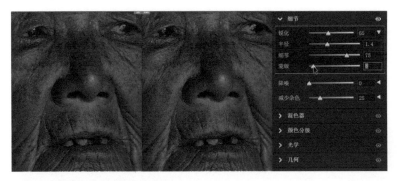

6. 建筑及静物特写锐化

建筑及静物特写锐化应采取"两大两小"的原则，即大锐化、大细节、小半径和小蒙版。设置如下："锐化"值为55、"半径"值为0.7、"细节"值为90、"蒙版"值为15。这样的组合特别适合建筑及静物特写质感锐化。

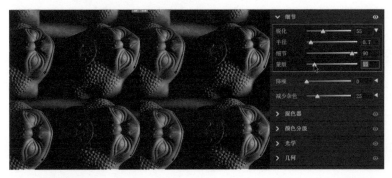

7. 模糊锐化

模糊锐化应采取"两大两小"的原则，即大锐化、大半径、小细节和小蒙版。设置如下："锐化"值为100、"半径"值为2.0、"细节"值为8、"蒙版"值为10。这样的组合特别适合图像的模糊锐化。

8. 防抖锐化

防抖锐化应采取"一大三小"的原则，即大锐化、小半径、小细节和小蒙版。设置如下："锐化"值为150、"半径"值为0.8、"细节"值为8、"蒙版"值为15。这样的组合特别适合对由于相机抖动产生了严重脱焦模糊的图像进行锐化。

9. 输出锐化

调整好图像后，单击"转换并存储图像"图标，在弹出的"存储选项"对话框中，设置是保存大图还是小图。

（1）保存大图。大图主要用于普通打印、冲印或艺术微喷。在Camera Raw中进行输出锐化是为了弥补在输出过程中原始数据的减少造成的图像锐度降低。在"输出锐化"设置中，在"锐化"下拉菜单中选择"光面纸"或"粗面纸"（取决于打印纸张），在"数量"下拉菜单中选择"高"，保证作品在输出或打印时有清晰的锐度。处理JPEG格式文件时，不建议勾选任何复选框。

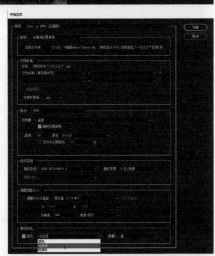

（2）保存小图。小图主要用于流媒体交流。在压缩图像的时候，图像的锐度会降低。在"锐化"下拉菜单中选择"滤色"，在"数量"下拉菜单中选择"低"。

（3）其他。如果在Camera Raw中编辑的图像需要在Photoshop中打开，则"输出锐化"相关设置在"Camera Raw首选项"对话框的"工作流程"区域中。

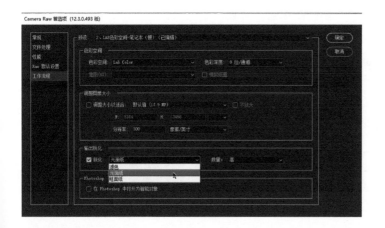

小结

"锐化"组中的4个滑块，其实就是两组应用效果。

1. 应用效果组："锐化"和"半径"滑块起着应用锐化效果的作用。

2. 抑制效果组："细节"和"蒙版"滑块起着抑制锐化效果的作用。

第二节　减少杂色功能的高级使用技法

所有的图像都存在或多或少的杂色，这主要由相机传感器的质量及拍摄时选择的较高ISO决定。杂色主要隐藏在图像的阴影之中。图像杂色包括明亮度（灰度）杂色和单色（颜色）杂色，前者使图像呈粒状，后者使图像的颜色看起来不自然。高品质地输出图像，去除图像中的杂色尤为重要。在Camera Raw中可以很轻松地去除图像中的任何杂色。

学习目的： 学习减少杂色功能的高级使用技法；掌握"降噪"和"减少杂色"两组滑块相互之间的抑制关系。

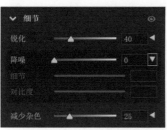

一、减少杂色相关控件的功能介绍

1. 展开"细节"面板，单击"降噪"滑块右边的三角形按钮，显示所有"降噪"组滑块。"降噪"组有3个滑块，分别是"降噪""细节""对比度"。

（1）降噪：可移除图像中呈粒状的亮度噪点。若其数值过大，图像将变得平滑而失去锐度和细节。其默认值为0。

（2）细节：在移除杂色时起到阈值的作用。其值越高，保留的细节就越多，但产生的结果可能杂色较多；其值越低，产生的结果就越干净，但也会消除某些细节。

当"细节"滑块可用时，其默认值为50。

（3）对比度：用于控制图像明亮度对比。其值越高，保留的图像纹理对比就越明显，但可能会产生杂色花纹或色斑；其值越低，产生的结果就越平滑，但也可能使对比度较低。当"对比度"滑块可用时，其默认值为0。

Windows系统中按住Alt键（Mac系统中按住option键）并拖曳以上3个的滑块，可以在图像预览窗口中获得黑白可视化效果。

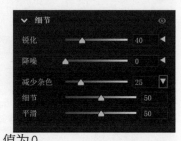

2. 展开"细节"面板，单击"减少杂色"滑块右边的三角形按钮，显示所有"减少杂色"组滑块。"减少杂色"组也有3个滑块，分别是"减少杂色""细节""平滑"。

（1）减少杂色：可减少彩色杂色。其数值较大时，会使图像的颜色细节流失，误伤图像中小区域的固有色块。其默认值为25；但对于JPEG格式文件，其默认值为0。

（2）细节：在移除颜色杂色时起到阈值的作用。其值越高，边缘就能保持得越细、色彩细节越多，但可能会产生彩色颗粒。其值越低，越能消除色斑，但可能会产生颜色溢出。其默认值为50。

（3）平滑：控制颜色杂色伪影的平滑过渡，较高的数值会使图像颜色细节减淡，默认值为50。

Windows系统中按住Alt键（Mac系统中按住option键）并拖曳以上3个的滑块，可以在图像预览窗口中获得黑白可视化效果。

二、减少杂色高级使用技法

1. 在Camera Raw中打开案例图像，展开"基本"面板，设置如下："色温"值为4100、"色调"值为+15、"曝光"值为+3.45、"对比度"值为-13、"高光"值为-59、"阴影"值为+30、"白色"值为+25、"黑色"值为-13、"纹理"值为+17、"清晰度"值为+12、"自然饱和度"值为-35、"饱和度"值为-10。完成影调和色调的调整。

2. 展开"效果"面板，将"晕影"滑块拖曳至-20，"样式"选择"高光优先"，设置"中点"值为0、"圆度"值为+100、"羽化"值为75、"高光"值为0，为图像制作晕影效果，弱化周边环境，突出主体。

3. 展开"细节"面板（Windows系统的快捷键为Ctrl+3，Mac系统的快捷键为command+3），先对图像进行锐化处理。采取"三大一小"的锐化原则，设置"锐化"值为48、"半径"值为1.2、"细节"值为35、"蒙版"值为20。

4. 减少杂色时最好先将图像放大至400%，这样有利于查看微小杂色的变化效果。先移除颜色杂色，这样就可以更清晰地查看亮度（灰度）杂色，而不受到颜色杂色的影响。按住空格键将图像移动至阴影区域，将"减少杂色"滑块向左拖曳至0，可以看到图像的颜色杂色。

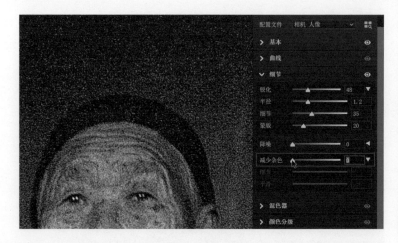

5. 边观察阴影区域最大的颜色杂色，边拖曳"减少杂色"滑块直至杂色变为中性色为止。

6. 由于调整数值较大，图像中被子的颜色有所流失，且误伤了被子图案中的小区域固有色块。

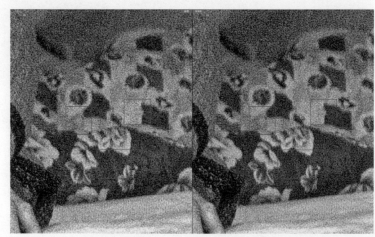

7. 将"细节"滑块拖曳至最大值100，被子图案中的固有小色块基本恢复，但是阴影区域的颜色杂色也恢复了很多。

8. 将"平滑"滑块拖曳至最大值100，恢复的颜色杂色仍然不能很好地平滑过渡，说明根源在于"减少杂色"数值过高。

9. 设置"减少杂色"值为30、"细节"值为60、"平滑"值为90，完成了移除颜色杂色的任务，图案中小区域固有色块也得到了很好的恢复。

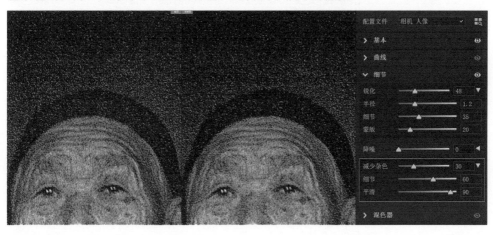

10. 移除亮度杂色。边观察粒状杂色边拖曳"降噪"滑块至35，既能移除亮度杂色，又能保留部分有益的粒状杂色；既能防止图像过度平滑，又能使图像具有胶片的颗粒感。

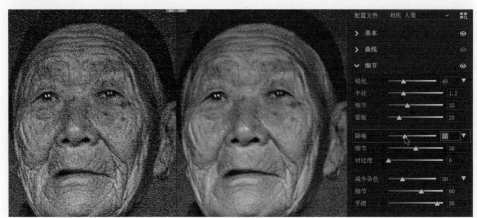

11. 将"细节"滑块拖曳至60，恢复图像的锐度。由提高明亮度细节而产生的杂色几乎看不到了，减少杂色效果显著。

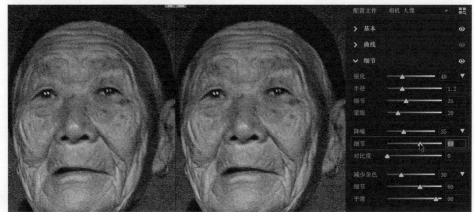

12. 将"对比度"滑块拖曳至30，提高图像的对比度。而由此产生的细微色斑会在打印过程中消失。

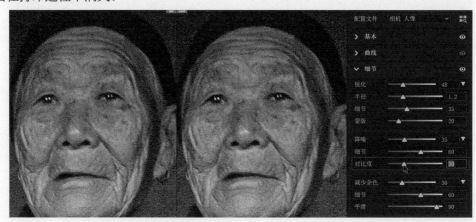

13. 消除图像中的杂色前后效果对比如下图所示。

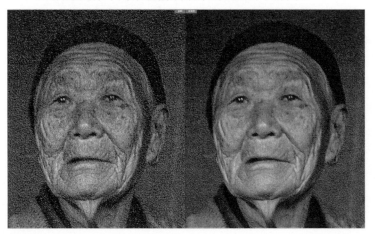

小结

其实，"降噪"和"减少杂色"两组滑块也包含两组应用效果。

1. 应用效果组："降噪"和"减少杂色"滑块起着减少杂色的作用。

2. 抑制效果组：明亮度"细节"、颜色"细节"、"对比度"和"平滑"滑块起着抑制、减少杂色的作用。

所以，锐化和减少杂色都是双刃剑，只有熟悉并理解了各个控件的原理，才能掌控"细节"面板的实战应用。

第七章

Camera Raw
滤镜特效

在Camera Raw滤镜中，有一些滑块可以为图像创建神奇的
效果。

第一节 "清晰度"和"纹理"的高级使用技法

"清晰度"滑块在图像局部调整中至关重要。将滑块拖曳至正值时，图像的中间调对比度增强、色调分离加强，锐度似乎也增加了，但这其实和锐化没有任何关系，只是由于中间调反差增大，图像的边缘立体感变强了；将滑块拖曳至负值时，图像的中间调对比度减弱、色调分离弱化，图像的边缘立体感削弱，图像被柔化了。

"纹理"滑块用于增强或减少图像中出现的纹理。向左拖曳滑块可抚平细节，向右拖曳滑块可突出细节。调整"纹理"滑块时，图像的颜色和色调不会更改。

综上，正向的"清晰度"和"纹理"可以增加图像的视觉冲击力，反向的"清晰度"和"纹理"则是人像磨皮的最好设置之一。

学习目的：深刻理解正向、反向"清晰度"和"纹理"对图像产生的影响。

一、人像"磨皮"高级实用技法

在Camera Raw滤镜中，处理人像、花卉、雪景等图像时，向局部区域应用反向"清晰度"和"纹理"，会得到意想不到的效果。

1. 在Camera Raw中打开案例图像，切换到"配置文件"面板，在"老式"组别中选择"老式02"，增强图像的影调效果，单击"后退"，返回"编辑"面板。由于案例图像不是RAW格式文件，所以没有"Adobe Raw"和"Camera Matching"配置文件。

2. 展开"基本"面板，设置如下："色温"值为–2、"色调"值为+12、"曝光"值为+1.30、"对比度"值为+10、"高光"值为–56、"阴影"值为+25、"白色"值为+10。图像效果得到很大的改观。

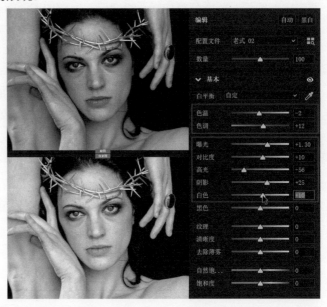

3. 展开"渐变滤镜"面板并设置"纹理"值为–100、"清晰度"值为–100，按住Shift键（使渐变滤镜的走向为直线），在画布上由里向外（滤镜靠近图像向远离图像的方向）拉出一个渐变效果。由于渐变滤镜应用在画布上，所以图像整体被柔化了。

4. 人像的眼睛、眉毛、嘴唇、头发、花冠和戒指部分不需要磨皮。展开"范围蒙版"下拉菜单，选择"颜色"，在人像脸部区域拖曳出一个颜色样本区域。

5. 按住 Shift 键，为人像添加第二个颜色样本。

6. Windows 系统中按住 Alt 键（Mac 系统中按住 option 键），将色彩"范围"滑块拖曳至 7，精确查找人像皮肤，皮肤被彻底柔化了。

7. 如果遇到处理起来比较麻烦的肤色，可以在图像中单击鼠标右键，在弹出的上下文菜单中选择"复制"，再次应用相同的"磨皮"效果（当渐变滤镜处于闭合状态时，此项操作不能完成）。

8. 人像"磨皮"前后效果对比如下图所示。

二、增强图像视觉冲击力的高级实用技法

逆光拍摄的照片具有清晰、锐利的边缘区域，若在"基本"面板中增大其"清晰度"值会出现白边溢出现象，使用滤镜可以完美解决这个问题。

1. 在 Camera Raw 中打开案例图像，切换到"配置文件"面板，在"Adobe Raw"组别中选择"Adobe 鲜艳"，增强图像的影调效果，单击"后退"，返回"编辑"面板。

2．展开"基本"面板，设置如下："曝光"值为 –5.00、"白色"值为 +85、"自然饱和度"值为 +30、"饱和度"值为 +10。

3. 在"基本"面板中，设置"清晰度"值为 +100，图像边缘出现严重的白边溢出，因此使用滤镜调整是最佳的选择。双击"清晰度"滑块，将其重置为 0。

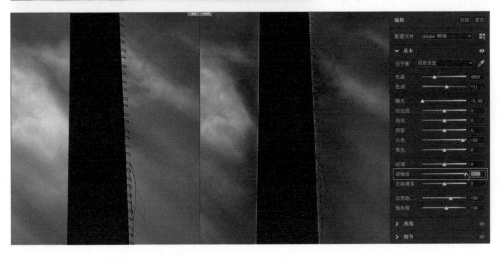

第七章 Camera Raw 滤镜特效

4. 展开"渐变滤镜"面板并设置如下："纹理"值为 +100、"清晰度"值为 +100。按住 Shift 键（使渐变滤镜的走向为直线），在画布上由里向外（从靠近图像向远离图像的方向）拉出一个渐变效果。由于"渐变滤镜"应用在画布上，所以图像全部应用了增强视觉冲击力的效果。

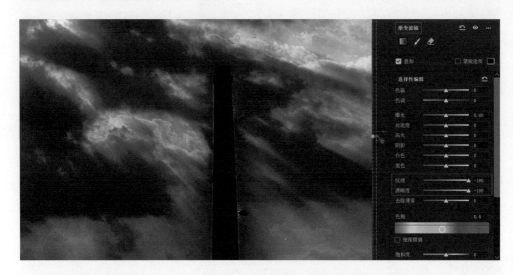

5. 图像具有清晰边缘的区域出现了严重的白边溢出现象，单击"从选定调整中清除"图标 ▣，设置"羽化"值为 100、"流动"值为 100；调整好画笔大小，让画笔刚好大于烟囱上方的内径并单击。

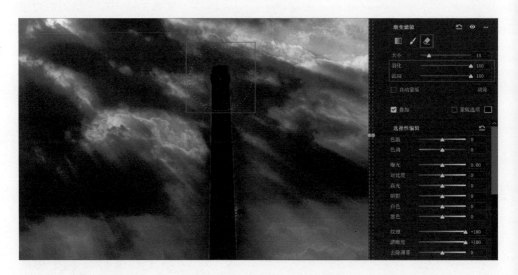

6. 调整好画笔大小，让画笔刚好大于烟囱下方的内径，按住 Shift 键并单击，两个擦除画笔点会自动连成一条线，完成去除白边任务。

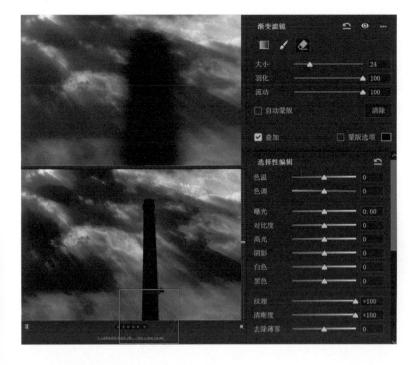

7. 为图像添加正向的"清晰度"和"纹理",可以增强图像的视觉冲击力,调整前后效果对比如下图所示。

三、增强图像细节的高级实用技法

为图像的局部区域添加正向的"纹理"，可以突出图像的细节，增强感染力。

1. 在Camera Raw中打开案例图像，在工具栏中单击"调整画笔"工具图标，"编辑"面板自动切换成"画笔"面板。将"纹理"滑块拖曳至+60、"清晰度"滑块拖曳至+12，调整好画笔大小，设置"羽化"值为100、"流动"值为50、"浓度"值为100，不要勾选"自动蒙版"复选框。采取直接涂抹的方式，按住鼠标左键在人物面部区域涂抹应用效果，人像面部区域的细节增强。

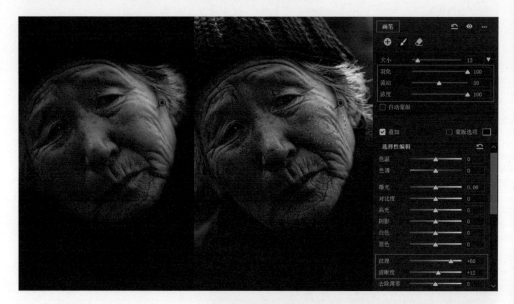

2. 调整前后效果对比如右图所示。

小结

1. 在Camera Raw中，减小图像的"清晰度"和"纹理"值，可以为人像"磨皮"；增大图像的"清晰度"和"纹理"值，可以使图像中的纹理更明显，更具视觉冲击力。

2. 图像中具有清晰边缘的区域出现白边溢出现象，可能是因为"清晰度"或"锐化"值过大。

第二节　人像"美白"的高级技法

　　"混色器"面板中的"橙色"滑块是人像皮肤"美白"的关键。因为亚洲人的肤色以橙色为主,降低"橙色"的"饱和度"值并提高其"明亮度"值,人像皮肤就会变得白皙。

　　学习目的: 学习"混色器"面板中的"橙色"滑块的神奇功能。

　　1. 在Camera Raw中打开案例图像,展开"混色器"面板,选择"目标调整工具",在图像中单击鼠标右键,弹出目标调整工具的上下文菜单,选择"饱和度","混色器"面板会自动切换并显示相应滑块。

　　在人像面部颜色最深处单击,按住鼠标左键并向左拖曳直至"红色"值为-6、"橙色"值为-14,降低其饱和度。

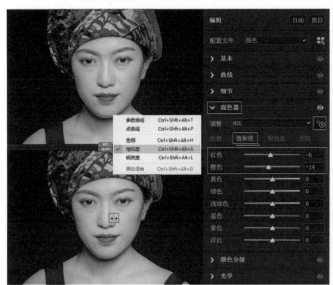

　　2. 在人像面部单击鼠标右键,在弹出的上下文菜单中选择"明亮度",在同一选取点按住鼠标左键并向右拖曳直至"红色"值为+6、"橙色"值为+17,提高颜色的明亮度。

3. 通过降低人像面部颜色最深处的饱和度并提高其明亮度，可使人像皮肤变白。

为人像皮肤"美白"时，千万不要调整过度，否则，人像的面部将失去血色显得苍白。

第三节　创建神奇光束效果的高级技法

在Camera Raw中，利用"渐变滤镜"工具，配合具有橡皮擦功能的"从选定调整中清除"，可以为图像创建神奇光束或区域光效果。

学习目的： 学习为图像创建神奇光束效果的高级实用技法。

1. 在Camera Raw中打开案例图像，切换到"配置文件"面板，在"现代"组别中选择"现代07"，增强图像的影调效果，单击"后退"，返回"编辑"面板。由于案例图像不是RAW格式文件，所以没有"Adobe Raw"和"Camera Matching"配置文件。

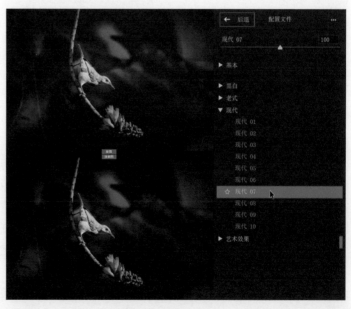

2. 展开"渐变滤镜"面板，设置如下："曝光"值为–1.00、"色温"值为–5。按住Shift键（使渐变滤镜的走向为直线），在画布上由里向外（从靠近图像向远离图像的方向）拉出一个渐变效果。由于渐变滤镜应用在画布上，所以图像整体都被柔化了。

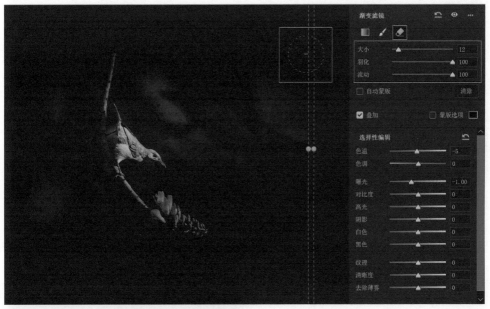

3. 单击具有橡皮擦功能的"从选定调整中清除"图标 ，设置"羽化"值为 100、"流动"值为100；将画笔调小，依据光源的方向，在图像的右上角单击。

4. 将画笔调大，按住Shift键，在图像的左下角偏上处单击，两个擦除画笔点会自动连成一条线，神奇的光束效果就出现了。

5. 勾选"自动蒙版"复选框，开启擦除画笔的智能遮挡模式。设置"羽化"值为100、"流动"值为50，清除小花的应用效果，只要画笔中心点不越出边界，清除任务就会很成功。

勾选"蒙版选项"复选框，可在图像预览窗口中显示蒙版叠加效果，协助查看涂抹区域的准确范围。

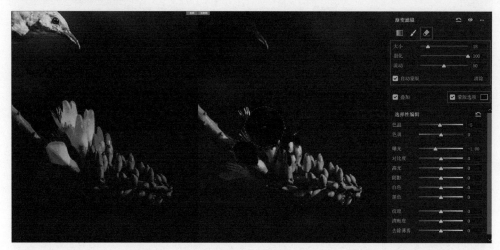

6. 取消勾选"自动蒙版"和"蒙版选项"复选框，将画笔调小，按住Shift键在图像右上角处单击，两个擦除画笔点自动连成一条线，创建了第二道定点（区域）光束效果。

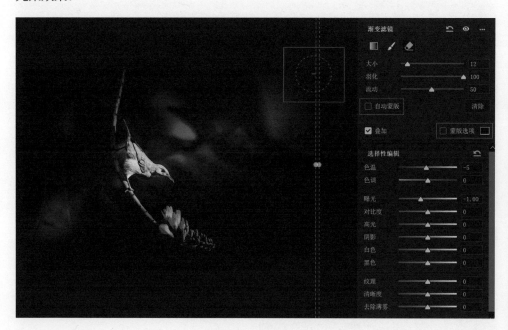

7. 调整前后效果对比如下图所示。

小结

　　将画笔的"浓度"值降低至25，为图像创建第三道光束效果，这样光束效果有强有弱，看起来十分逼真。

第四节　局部区域精细锐化的高级技法

　　"调整画笔"是对图像的局部区域进行精细锐化的最佳工具之一，也是在Camera Raw中对图像进行3次锐化时第二步使用的工具。

　　学习目的： 学习"锐化程度"控件的工作原理；掌握局部区域精细锐化的高级实用技法；学习如何使图像产生镜头模糊效果。

一、"锐化程度"控件功能详解

　　"画笔"面板中的"锐化程度"控件，可以给图像应用–100～+100的锐化效果。

1. "锐化程度"滑块的应用效果和"细节"调整面板中的"锐化"滑块效果相同，也就是说，"细节"调整面板中的"锐化"滑块效果决定"锐化程度"滑块应用效果。

如果在Camera Raw中调整JPEG图像，"细节"调整面板中的"锐化"默认值为0，当使用"锐化程度"滑块给图像添加锐化效果时，将启用Camera Raw内置的没有蒙版的微小锐化。

2. 给图像添加–50的锐化效果时，将与在"细节"调整面板中设置的锐化效果抵消。

3. 给图像添加–100的锐化效果时，会给图像应用反向锐化效果，起到镜头模糊的作用。

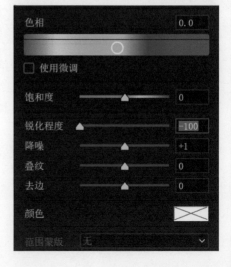

二、局部区域精细锐化高级实操技法

1. 在Camera Raw中打开案例图像，展开"细节"面板，先对图像进行初始锐化处理。采取"三大一小"的原则，设置"锐化"值为65、"半径"值为1.4、"细节"值为75、"蒙版"值为8。

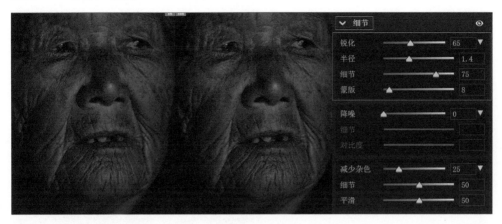

2. 在工具栏中选择"调整画笔"工具，"编辑"面板自动切换成"画笔"面板。将"锐化程度"滑块拖曳至+33，调整好画笔大小，设置"羽化"值为100、"流动"值为50、"浓度"值为100，不要勾选"自动蒙版"复选框，采取直接涂抹的方式，按住鼠标左键在人物面部区域涂抹应用效果，人像面部区域被锐化。

勾选"蒙版选项"复选框，在图像预览窗口中显示蒙版叠加效果，协助查看涂抹区域准确范围。图像显示的区域应用了效果，而黑色区域被遮挡，灰度区域为应用渐变效果区域。

查看后要及时取消勾选"蒙版选项"复选框，否则会影响下一步的操作。

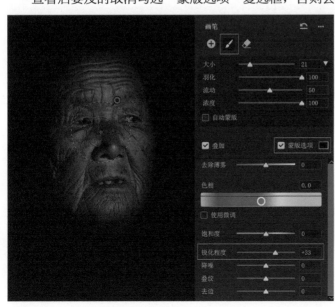

3. 在"画笔"面板顶部选择"创建新调整"，新建一个调整画笔（面板中控件值保持不变），原来的调整画笔闭合，变成了白色锚点。

放大图像，调整好画笔大小，在人像眼睛处细心涂抹，增强人像眼睛的锐化效果。

4. 局部精细锐化，调整前后效果对比如右图所示。

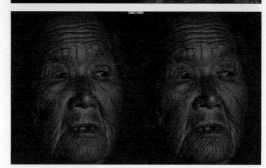

三、镜头模糊效果高级使用技法

给图像添加反向的"锐化程度""纹理""清晰度"，使其产生柔美的镜头模糊效果。

1. 在Camera Raw中打开案例图像，切换到"配置文件"面板，在"现代"组别中选择"现代04"，增强图像的影调效果，单击"后退"，返回"编辑"面板。

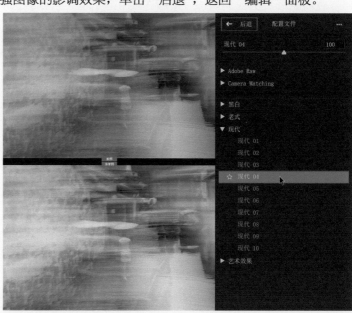

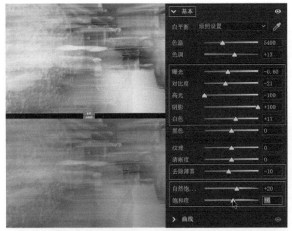

2. 展开"基本"面板，设置如下："曝光"值为–0.60、"对比度"值为–21、"高光"值为–100、"阴影"值为+100、"白色"值为+17、"去除薄雾"值为–10、"自然饱和度"值为+20、"饱和度"值为+6。

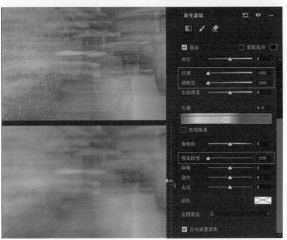

3. 单击"渐变滤镜"工具图标，在"渐变滤镜"面板中，将"纹理""清晰度""锐化程度"滑块均拖曳至–100，柔化背景。按住Shift键（使渐变滤镜的走向为直线），在画布上由里向外（从靠近图像向远离图像的方向）拉出一个渐变效果，图像产生了镜头模糊效果。

4.单击"从选定调整中清除"图标 ，设置"羽化"值为100、"流动"值为50；调整好画笔大小，在画面中人像处涂抹，擦除应用效果。

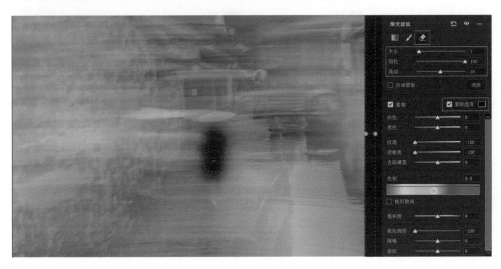

5. 设置"羽化"值为100、"流动"值为25，让擦除的力度减小一半，营造镜头柔焦效果；调整好画笔大小，在小船、栏杆和房门处涂抹，擦除应用效果。

在擦除时勾选"蒙版选项"复选框，在图像预览窗口中显示蒙版叠加效果，协助查看涂抹区域的准确范围。图像显示的区域应用了效果，而黑色区域被遮挡，灰度区域为应用渐变效果的区域，查看后取消勾选"蒙版选项"复选框。

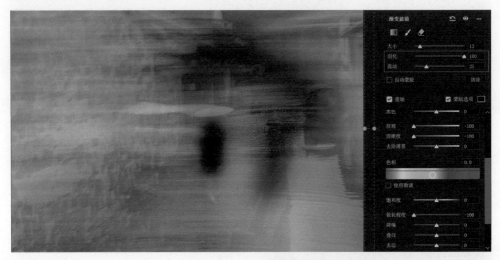

6. 调整前后效果对比如右图所示。

小结

1. 本章第二个案例采取二次局部精细锐化，分别锐化老人的面部和眼睛，这样可以刻画人物脸上岁月的痕迹；如果是锐化年轻人，就千万不要锐化人物的皮肤，否则人物的皮肤会显得干涩；对于其他类型的图像，锐化视觉点即可。

2. 在"细节"面板中进行的锐化，应该关注全局；在使用滤镜进行局部区域精细锐化时，应该关注主体和视觉点。

3. 如果想使图像产生更强烈的镜头模糊效果，可单击"创建和编辑调整"图标，并在图像预览窗口中单击鼠标右键，在弹出的上下文菜单中选择"复制"，这样可以让画面中的镜头模糊效果更强烈。

4. 给图像添加反向的"去除薄雾"，也可以使图像产生镜头模糊效果。

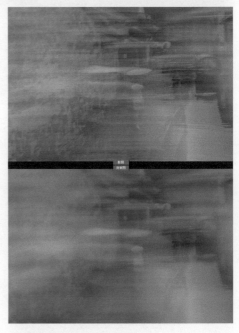

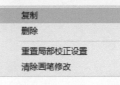

第五节　局部区域减少杂色的高级技法

在"细节"面板中，只能实现对图像的整体减少杂色，而在"渐变滤镜"面板中，则可以对图像的阴影区域进行精准的消除杂色。

学习目的： 学习并掌握局部区域减少杂色的高级实用技法。

1. 案例图像所有的调整编辑和第六章第二节保持一致。

2. 展开"渐变滤镜"面板，将"降噪"滑块拖曳至+100，按住Shift键（使渐变滤镜的走向为直线），在画布上由里向外（从靠近图像向远离图像的方向）拉出一个渐变效果，对整幅图像应用减少杂色效果。

3. 展开"范围蒙版"下拉菜单，选择"明亮度"，Windows系统中按住Alt键（Mac系统中按住option键）并拖曳高光部分"亮度范围"滑块至47，高光区域被遮挡。

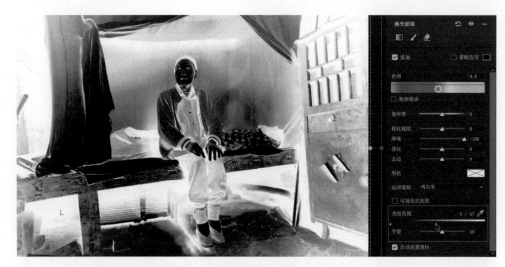

4. Windows系统中按住Alt键（Mac系统中按住option键），拖曳"平滑"滑块至46，收缩应用效果区域，在图像中较暗的阴影区域应用减少杂色效果。

图像中的白色区域应用了效果，而黑色区域被遮挡，灰度区域为应用渐变效果的区域，图像中的杂色被很好地消除。

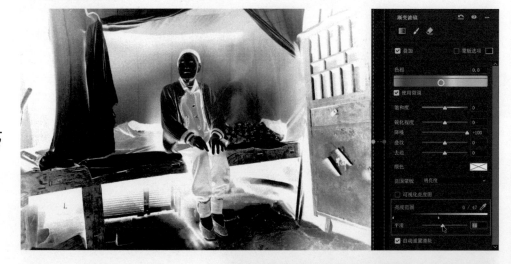

5. 局部区域减少杂色，调整前后效果对比如右图所示。

1. 将图像放大至200%，观察应用的效果是否合适，如果阴影区域出现平滑现象，要边观察边减小"减少杂色"的数值。

2. 如果减少杂色效果不够，可以再次操作，在图像中单击鼠标右键（在渐变没有闭合的前提下），在弹出的上下文菜单中选择"复制"，再次对图像应用相同的编辑效果。

复制
删除
重置局部校正设置
清除画笔修改

第六节　修补高光"死白"区域的高级技法

在一些高反差的图像中，很容易出现局部区域高光"死白"现象，通过下面的技法，可以为图像的高光"死白"区域进行修补。

学习目的：学习修补图像高光"死白"区域的实用技法。

1. 案例图像右边出现高光"死白"现象。

2. 在工具栏中选择"污点去除"工具，"编辑"面板自动切换成"修复"面板，在"修复"模式下，设置"羽化"值为100、"不透明度"值为30，调整好画笔大小，在高光"死白"区域细心涂抹（涂抹区域不能出现中空现象），让高光"死白"区域叠加上淡淡的影纹。

3. 在工具栏中选择"调整画笔"工具，"编辑"面板自动切换成"画笔"面板。单击"颜色"样本框，弹出"拾色器"对话框，设置"色相"值为30、"饱和度"值为100，并单击"确定"按钮。

4. 调整好画笔大小，在图像高光区域涂抹上色。

5. 展开"范围蒙版"下拉菜单，选择"明亮度"，Windows系统中按住Alt键（Mac系统中按住option键），拖曳阴影部分"亮度范围"滑块至88，天空中阴影区域被遮挡。

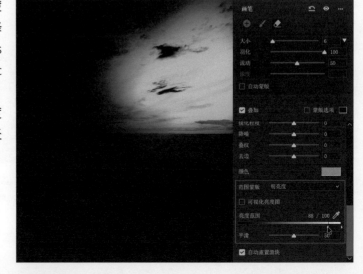

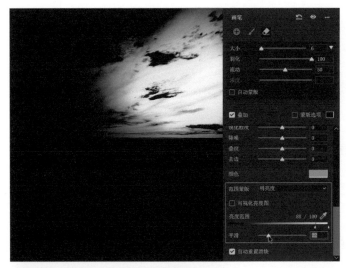

6. Windows 系统中按住 Alt 键（Mac 系统中按住 option 键），拖曳"平滑"滑块至 22，收缩应用效果区域，图像中的白色区域应用了效果，而黑色区域被遮挡，灰度区域为应用渐变效果的区域，成功给叠加的影纹添加暖色调的效果。

7. 修补图像中的高光"死白"区域，调整前后效果对比如左图所示。

小结

1. 如果想使修补区域产生更强烈的暖色调效果，还可以增大"色温"值。

2. 如果暖色调效果还不够强烈，可使鼠标指针靠近红黑色"画笔"圆点（若白色锚点处于闭合状态，则不可复制），当鼠标指针（画笔）出现三角指针提示时，单击鼠标右键，在弹出的上下文菜单中选择"复制"，这样可以让修补区域产生更强烈的暖色调效果。

第七节　去除叠纹的高级技法

叠纹去除就是消除图像中的摩尔纹，即伪影。当相机感光元件像素的空间频率与影像中条纹的空间频率接近时，就会在图像中产生放大的摩尔纹。要想消除摩尔纹，只要离拍摄物体远一些、改变机位角度或更换镜头即可。现在的数码相机安装了低通滤波器，可以有效滤除影像中的摩尔纹。

学习目的： 学习消除图像中的摩尔纹的实用技法。

一、案例一

1. 在Camera Raw中打开案例图像，展开"渐变滤镜"面板，将"叠纹"滑块拖曳至+57，按住Shift键（使渐变滤镜的走向为直线），在画布上由里向外（从靠近图像向远离图像的方向）拉出一个渐变效果。由于渐变滤镜应用在画布上，所以图像中的摩尔纹全部被消除。

2. 调整前后效果对比如右图所示。

二、案例二

1. 案例图像是第二章第三节使用全自动删除色差法处理的结果图像。在Camera Raw中打开案例图像，在工具栏中单击"调整画笔"工具图标，将"叠纹"滑块拖移至+40，调整好画笔大小，设置"羽化"值为100、"流动"值为50、"浓度"值为100，不要勾选"自动蒙版"复选框，采取直接涂抹的方式，按住鼠标左键在雕塑区域涂抹应用效果，雕塑里的摩尔纹被消除。

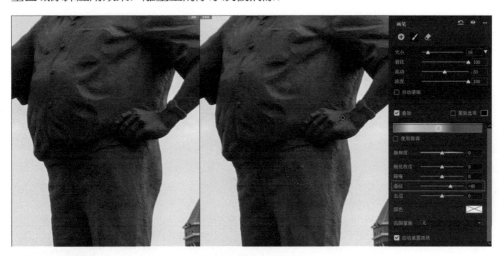

2. 调整前后效果对比如左图所示。

小结

摩尔纹的去除也会使图像的饱和度降低，所以在操作时可以适量增加饱和度。

第八节　去除薄雾功能的高级使用技法

"去除薄雾"控件可以给图像添加薄雾或去除薄雾，去除图像中的灰度是它的优势。如果想给图像的局部区域去除或添加，必须回到滤镜中。

有些图像需要去除薄雾，而有些图像却只需要在局部区域添加薄雾，以营造氛围。

学习目的: 学习"去除薄雾"控件的实用技法。

1. 在Camera Raw中打开案例图像,在工具栏中选择"污点去除"工具,"编辑"

面板自动切换
成"修复"面
板,在"修复"
模式下,设置
"羽化"值为0、
"不透明度"值
为100,调整好
画笔大小,将
图像中的污点
去除。

2. 展开"基本"面板并设置如下:"曝光"值为–2.50、"对比度"值为–66、"高光"值为–100、"阴影"值为+100、"白色"值为+43、"黑色"值为–25、"清晰度"值为–21。

3. 展开"颜色分级"面板,选择"高光"模式并设置如下:"色相"值为216、"饱和度"值为63、"明亮度"值为0、"混合"值为88、"平衡"值为+8。为图像的高光区域添加冷色调效果。

4. 选择"渐变滤镜"工具，在"渐变滤镜"面板中，将"去除薄雾"滑块拖曳至–100。按住Shift键（使渐变滤镜的走向为直线），自底向上拉出一个线性渐变效果。

5. 若想给图像的阴影区域添加薄雾效果，按住Shift键（使渐变滤镜的走向为直线），在画布上由里向外拉出一个渐变效果（编辑调整数值不变，上一个渐变滤镜自动闭合），将"去除薄雾"值修改为–25。

6. 展开"范围蒙版"下拉菜单，选择"明亮度"，拖曳高光部分"亮度范围"滑块至73，拖曳"平滑度"滑块至41，画面效果宛如"仙境"。

7. 调整前后效果对比如右图所示。

小结

使用"画笔"面板、"渐变滤镜"或"径向滤镜"面板，配合"范围蒙版"和"从选定调整中清除"，可以为图像的局部区域精准地应用薄雾效果。

第九节　增强原始图像中的细节

在Camera Raw中，对原始的RAW格式图像使用"增强细节"功能后，Camera Raw将借助AI来处理图像，智能地全面解析图像特定区域的像素，智能地"去马赛克"，使图像生成清晰的细节，改进图像的颜色显示，使图像的边缘更准确并减少图像中的摩尔纹，增强细节后的图像将另存为一个新的DNG格式的图像。

当原始的RAW格式图像拥有大量的纹理、细节和色彩时，更能发挥"增强细节"的神奇功能。

学习目的： 学习如何增强原始图像中的细节。

1. 在Camera Raw中打开案例图像，在胶片栏缩览图中单击图标█或者在图像中单击鼠标右键，展开上下文菜单，选择"增强细节"（Windows系统的快捷键为Ctrl+Shift+D，Mac系统的快捷键为command+shift+D）。

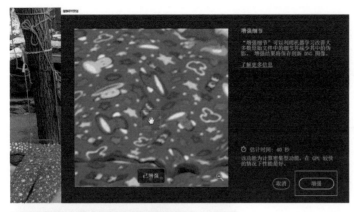

2. 选择"增强细节"后弹出"增强细节预览"对话框，该对话框提供放大视图效果实时预览，按住鼠标左键可查看原始图像，松开鼠标左键可查看增强细节后的效果。

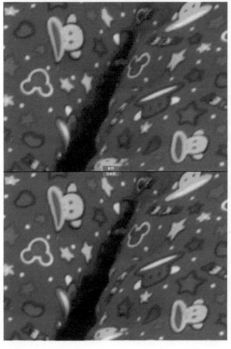

按住鼠标左键并拖曳图像查看所需区域，"定界框"将放置在相应区域内。"增强细节预览"对话框会提供"定界框"内对应区域的放大预览。在图像的不同区域拖曳"定界框"，以预览应用"增强细节"前或后的效果。

单击"增强"按钮以创建增强型 DNG 格式文件。

3.将图像放大至800%（原始图像和增强型图像会同时放大或缩小），调整前后效果对比如左图所示。

小结

1."增强细节"功能由 Adobe Sensei 提供支持，此功能适用于带有 Bayer 传感器（Canon、Nikon、Sony 等）和 Fujifilm X-Trans 传感器的相机中的原始 RAW 格式文件。

2."增强细节"功能对计算机的要求很高，计算机需安装 Windows 系统的 1809 版本（或更高版本），或者 Mac 系统的 10.13 版本（或更高版本），并拥有支持 Metal 的图形处理器。

3."增强细节"功能尤其适用于精细细节更清晰可见的大尺寸打印（图像的分辨率提升了30%，提升的效果源自相机传感器，并非由插值运算获得）。

4.增强后的图像不能再次使用此功能。

第八章

Camera Raw
批处理

在 Camera Raw 中批量处理图像，可以节省很多时间，提高修
图效率。

第一节　全手动批处理图像的高级技法

影调相似的一组图像，均可在Camera Raw中进行全手动批处理。

学习目的：学习批量调整图像的技法。

1. 选择要批处理的图像，在Camera Raw中打开。

（1）在胶片栏中，用鼠标指针拖曳垂直分隔栏可以扩展或收缩胶片栏的大小，单击"单击以隐藏胶片"图标可隐藏胶片栏，再次单击可恢复胶片栏（快捷键为"/"）。

（2）单击图像正下方的"切换标记以删除"图标，快捷键为Delete，可将选中图像标记为删除，在标记为删除图像的缩览图中，将显示一个白色的垃圾桶图标，再次选中标记为删除的图像并单击"切换标记以删除"图标，可取消删除标记。标记为删除的图像将在单击"完成"或"打开"按钮后被删除。

（3）在胶片栏中，单击数字键1～9可为选中图像做评级和颜色标签，按方向键可翻阅图像。

（4）在胶片栏缩览图中单击鼠标右键（或者单击 ⋯ 图标），展开上下文菜单，选择"全选"开始图像批处理；选择"选择已评级的图像"，将自动选中已评级的图像。

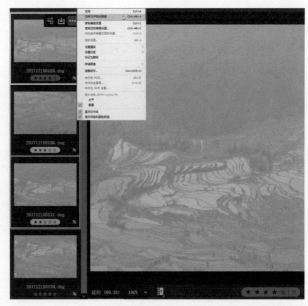

2. 在胶片栏缩览图中单击鼠标右键（或者单击 ⋯ 图标），展开上下文菜单，选择"全选"开始图像批处理。

展开"基本"面板，设置如下："色调"值为+17、"曝光"值为−0.25、"对比度"值为−12、"高光"值为−80、"阴影"值为+60、"白色"值为+50、"黑色"值为−93、"自然饱和度"值为+57、"饱和度"值为+19。所选图像同时做出调整。

3. 切换到"配置文件"面板，在"Adobe Raw"组别中选择"Adobe 鲜艳"，增强图像的影调效果，单击"后退"，返回"编辑"面板，完成图像批处理。

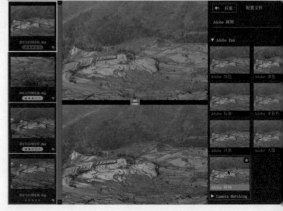

254

小结

如果调整后发现忘了"全选"图像，怎么办？

1. 在胶片栏缩览图中单击鼠标右键，展开上下文菜单，选择"复制编辑设置"（Windows系统的快捷键为Ctrl+C，Mac系统的快捷键为command+C）。

2. 选中其余图像，再次在胶片栏缩览图中单击鼠标右键，展开上下文菜单，选择"粘贴有关编辑方面的设置"（Windows系统的快捷键为Ctrl+V，Mac系统的快捷键为command+V）即可。

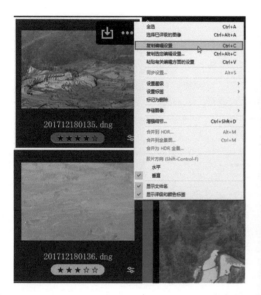

第二节 同步设置功能的高级使用技法

在Camera Raw中批量处理图像时，全部选中图像并调整任意滑块（对滤镜局部调整除外），可实现即时同步调整。如果要对所有图像进行局部调整，就要单幅调整后再使用"同步设置"达到批处理的目的。

学习目的： 学习对滤镜局部调整后批量处理图像的高级实用技法。

1. 案例图像是本章第一节全手动批处理后的图像。在Camera Raw中打开需要批处理的案例图像，对其中一幅图像单独进行滤镜影调调整。

展开"渐变滤镜"面板，单击"颜色"样本框，弹出"拾色器"对话框，设置"色相"值为46、"饱和度"值为72，并单击"确定"按钮。按住Shift键（使渐变滤镜的走向为直线），在图像中上部由下向上拉出一个渐变效果，使渐变区域应用暖色调效果。

2. 展开"范围蒙版"下拉菜单，选择"明亮度"，拖曳阴影部分"亮度范围"滑块至95，阴影区域被遮挡；拖曳"平滑"滑块至27，收缩应用效果区域。图像中最亮的区域应用暖色调效果。

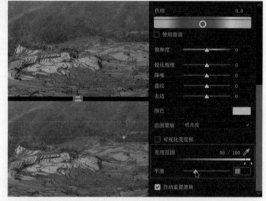

3. 在胶片栏缩览图中单击鼠标右键，展开上下文菜单，选择"全选"开始图像批处理；再次在胶片栏缩览图中单击鼠标右键，展开上下文菜单，选择"同步设置"。

4. 在弹出的"同步"对话框中勾选"渐变滤镜"复选框并单击"确定"按钮。所有图像即可实现即时同步局部调整。

小结

还有一种在滤镜局部调整后批量处理图像的方法。

1. 在胶片栏缩览图中单击鼠标右键，展开上下文菜单，选择"复制选定编辑设置"（Windows系统的快捷键为Ctrl+Alt+C，Mac系统的快捷键为command + option+C）。

2. 在弹出的"复制编辑设置"对话框中，勾选要使用的滤镜并单击"拷贝"按钮。

3. 选中其余图像，再次在胶片栏缩览图中单击鼠标右键，展开上下文菜单，选择"粘贴有关编辑方面的设置"即可。

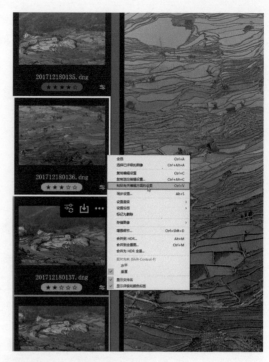

第三节　在 Bridge 中批处理图像的高级技法

在 Bridge 中也可以批量处理相似的图像。

学习目的: 学习在 Bridge 中批处理图像的高级技法。

1. 如果刚刚调整了一幅图像，想把它的应用效果复制到相似的图像中，可在 Bridge "内容"面板中，选择要复制应用效果的图像并单击鼠标右键，在弹出的上下文菜单中选择"开发设置"子菜单中的"上一次转换"即可（对滤镜局部调整除外）。

选择"开发设置"子菜单中的"Camera Raw 默认值"，将取消选中图像的所有应用效果。

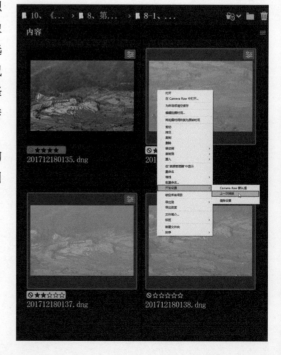

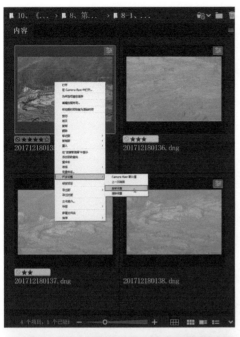

2. 如果 Bridge 记忆中的上一步操作不是对案例图像进行的，可选择图像并单击鼠标右键，在弹出的上下文菜单中选择"开发设置"子菜单中的"复制设置"。

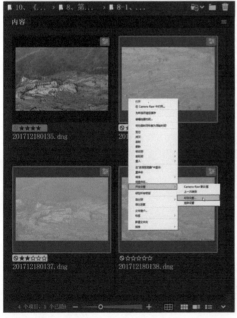

3. 选择需要进行批处理的图像并单击鼠标右键，在弹出的上下文菜单中选择"开发设置"子菜单中的"粘贴设置"（若选择"Camera Raw 默认值"，则选中图像的所有调整编辑将一键恢复为相机特定的默认设置）。

4. 在弹出的"粘贴 Camera Raw 设置"对话框中勾选"局部调整"复选框并单击"确定"按钮，在 Bridge 中批量处理图像完成。

小结

在 Bridge 中批处理图像的技法简单、快速、高效，可以节省大量时间。

第四节 播放动作预设批处理图像的高级技法

　　若要在 Camera Raw 中播放动作预设对图像进行批处理，需要提前在 Camera Raw 中创建并保存预设，或者使用 Camera Raw 提供的内置预设。

　　学习目的： 学习如何安装已有的预设，学习在 Camera Raw 中播放动作预设对图像进行批处理的方法。

一、播放动作预设批处理图像

　　1. 选择要批处理的图像，在 Camera Raw 中打开。在胶片栏缩览图中单击鼠标右键，展开上下文菜单，选择"全选"（Windows 系统的快捷键为 Ctrl+A，Mac 系统的快捷键为 command+A）。

　　2. 在工具栏中单击"预设"图标 ◙，展开"预设"面板，在"01、风光 RAW–闭合式–懒汉调图 202008010"组别中选择"8-1：白变黑"，完成批处理。

二、创建个性化的动作预设

本部分以"8-1：白变黑"预设为例，详细讲解如何创建个性化的动作预设，以及安装预设的方法。

预设可分为闭合式预设和开放式预设。闭合式预设指动作预设不能相互叠加应用，有利于挑选预设并预览应用效果，一般应用于对图像总体。开放式预设指动作预设可以相互叠加应用，有利于逐一添加动作并预览应用效果，一般应用于单项面板的子集。

1. 闭合式预设

在"8-1：白变黑"预设中，做了如下动作记录。

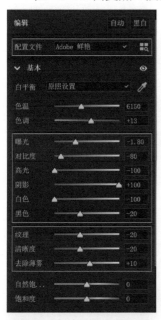

（1）"配置文件"为"Adobe 鲜艳"，在"基本"面板中，"曝光"值为–1.80、"对比度"值为–80、"高光"值为–100、"阴影"值为+100、"白色"值为–100、"黑色"值为–20、"纹理"值为–20、"清晰度"值为–20、"去除薄雾"值为+10。

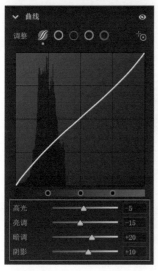

（2）在"曲线"面板的"参数曲线"设置中，"高光"值为–5、"亮调"值为–15、"暗调"值为+20、"阴影"值为+10。

（3）在"细节"面板中的设置如下："锐化"值为
31、"半径"值为1.0、锐化"细节"值为41、"蒙版"
值为65、"降噪"值为21、降噪"细节"值为25、"对
比度"值为75、"减少杂色"值为25、颜色"细节"值
为25、"平滑"值为75。

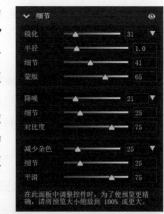

（4）在"颜色分级"面板中选择"阴影"模式并依
次设置"色相"值为222、"饱和度"值为50；选择"中
间调"模式并依次设置"色相"值为212、"饱和度"值
为50；选择"高光"模式并依次设置"色相"值为212、
"饱和度"值为90、"混合"值为100。

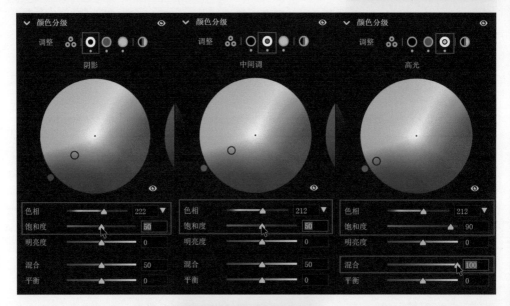

（5）在"效果"面板
的"晕影"中，设置"样
式"为"颜色优先"、"晕
影"值为 -15、"中点"
值为0、"圆度"值为0、
"羽化"值为100、"高光"
值为0。

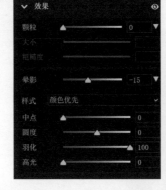

（6）在工具栏中单击"更多图像设置"图标 ，
在展开的菜单中选择"存储设置"。

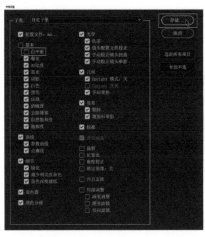

（7）在弹出的"存储设置"对话框中取消勾选"白平衡"复选框并单击"存储"按钮。

（8）在弹出的默认保存位置（C：\Users\shi\AppData\Roaming\Adobe\CameraRaw\Settings）对话框中，输入名称"白变黑"，并单击"保存"按钮完成存储。

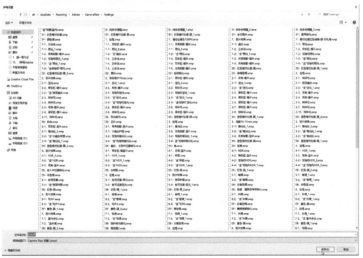

（9）新建的"白变黑"预设显示在"预设"面板的"用户预设"组别中。

（10）在"用户预设"组别单击鼠标右键，在弹出的上下文菜单中选择"重命名预设组"，可以修改"用户预设"组的名称。

（11）在弹出的"重命名预设组"对话框的"组"文本框中输入名称，如"01、风光RAW–闭合式–懒汉调图202008010"，单击"确定"按钮完成修改。

（12）当创建的预设较多时，可以采用分组管理预设的方式。在单项预设栏中单击鼠标右键，在弹出的上下文菜单中选择"移动预设"。

（13）在弹出的"移动白变黑"对话框中，选择组别（或者"新建组"），单击"确定"按钮完成分组管理预设命令。

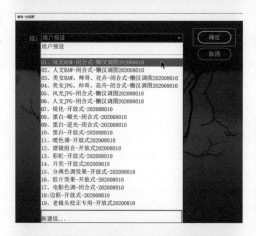

（14）"用户预设"组别因没有了预设而自动消失，新预设被移动到"01、风光RAW–闭合式–懒汉调图202008010"组别中。

（15）在"预设"面板中单击鼠标右键，弹出上下文菜单，可以对预设组进行管理或导入配置文件和预设，选择"管理预设"。

（16）在弹出的"管理预设"对话框中，取消任意组别的勾选，可以隐藏对应的预设组，单击"确定"按钮。

2.开放式预设

以老人中近景锐化为例，选择要批处理的图像，在Camera Raw中打开，全选图像并展开"预设"面板，在"07、锐化"–开放式–202008010组别中选择"05、老人中近景锐化"，所有图像在保持影调不变的情况下叠加了锐化效果。

（1）在"细节"面板中的设置如下："锐化"值为 65、"半径"值为1.4、锐化"细节"值为75、"蒙版"值为8、"降噪"值为19、降噪"细节"值为75、"对比度"值为75、"减少杂色"值为25、颜色"细节"值为25、"平滑"值为75。

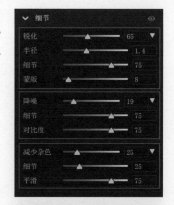

（2）在工具栏中单击"更多图像设置"图标，在展开的菜单中选择"存储设置"。

（3）在"存储设置"对话框中仅勾选"细节"复选框并单击"存储"按钮，余下操作步骤可参考闭合式预设的相关步骤。

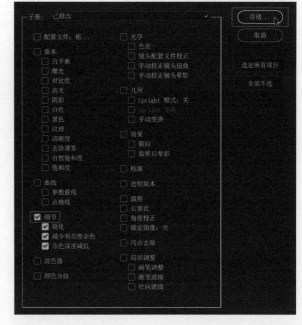

3. 快速安装预设的高级实用技法

不管是对自己创建的预设还是对从别处复制或在网络上下载的预设，快速安装预设才是首要任务。

（1）在工具栏中单击"更多图像设置"图标 ，在展开的菜单中选择"存储设置"。

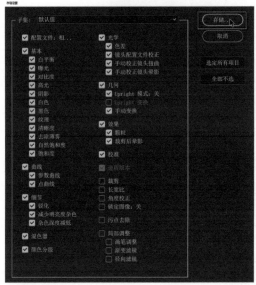

（2）在弹出的"存储设置"对话框中直接单击"存储"按钮。

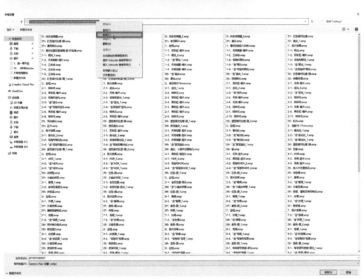

（3）在弹出的默认保存路径对话框中选择默认的路径，并单击鼠标右键，选择"复制"。

（4）打开任意文件夹，在路径栏中单击鼠标右键并选择"粘贴"，按Enter键，即可找到保存预设的源文件夹。

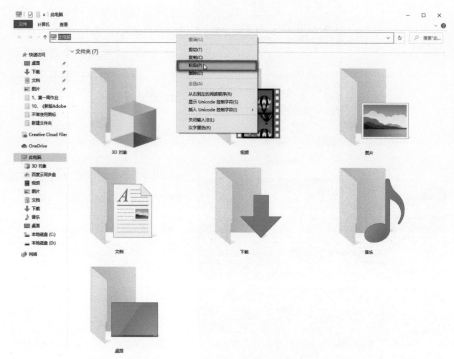

（5）将保存了预设的文件夹里的内容，复制到刚打开的源文件夹里。

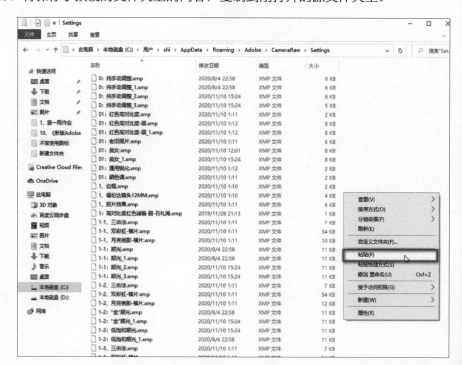

（6）若要安装滤镜预设和"点"曲线预设，可单击"CameraRaw"文件夹。

磁盘 (C:) › 用户 › shi › AppData › Roaming › Adobe › CameraRaw › Settings

时手动调整.xmp	1-3、三击法.xmp	2-2、单彩虹-横片.xmp
时手动调整_1.xmp	1-3、双彩虹-横片.xmp	2-2、月亮-横片.xmp
时手动调整_2.xmp	1-3、月亮倒影-横片.xmp	2-2、姊妹花.xmp
时手动调整_3.xmp	1-3："全"顺光.xmp	2-2："全"逆光.xmp
红色高对比度.xmp	1-3："全"顺光_1.xmp	2-2："全"逆光_1.xmp
红色高对比度-弱.xmp	1-4、三击法.xmp	2-2、低饱和逆光.xmp
红色高对比度-弱_1.xmp	1-4、双彩虹-横片.xmp	2-2、低饱和逆光_1.xmp
老旧照片.xmp	1-4、月亮倒影-横片.xmp	2-3、单彩虹-横片.xmp
美女.xmp	1-4："全"低饱和顺光.xmp	2-3、月亮-横片.xmp
美女_1.xmp	1-4："全低饱和"顺光.xmp	2-3、姊妹花.xmp
通用锐化.xmp	1-5、三击法.xmp	2-3："全"逆光.xmp
硒色调.xmp	1-5、月亮倒影-横片.xmp	2-3："全"逆光_1.xmp
1框.xmp	02："全"美女.xmp	2-4、单彩虹-横片.xmp

（7）将滤镜预设和"点"曲线预设分别复制到对应的"LocalCorrections"和"Curves"文件夹里。

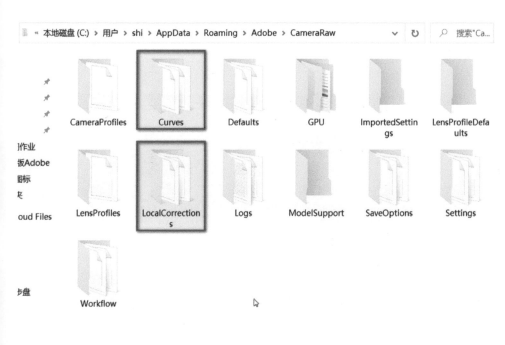

（8）Mac 系统中预设的安装方法和 Windows 系统中的略有不同，按住 option 键并展开"前往"菜单，打开"资源库"文件夹。

（9）选择"Application Support"文件夹并将其打开。

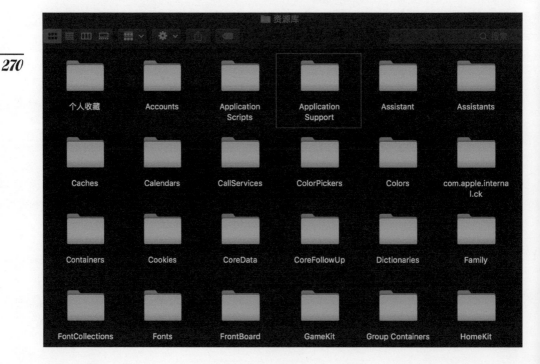

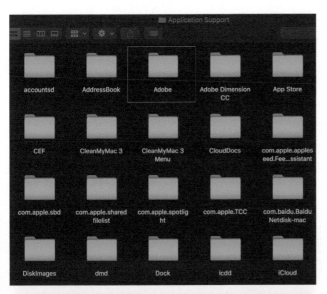

（10）打开"Adobe"文件夹。

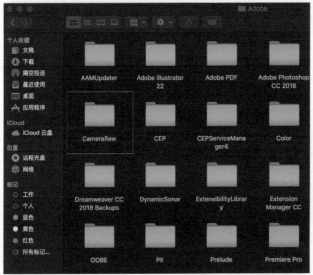

（11）打开"CameraRaw"文件夹。

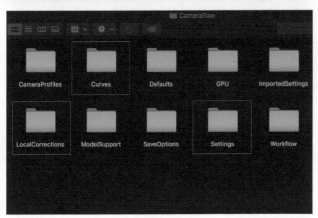

（12）将"预设"面板中的预设、滤镜预设、"点"曲线预设分别复制到"Settings""LocalCorrections""Curves"文件夹里，预设安装完成。

███████ 小结

安装预设有困难的读者，可以观看随书提供的教学视频（"懒汉调图"安装方法），这样更直观有效。

第九章

Camera Raw
高级调色技法

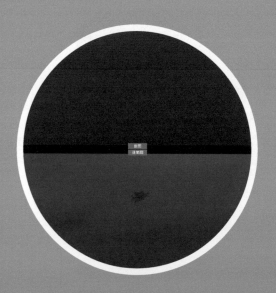

在 Camera Raw 中对图像进行色调调整，不仅简单快捷，而且
能充分发挥 RAW 格式文件的宽容度，从而制作出高品质图像。

第一节　色温、色调的高级调色技法

真实的色彩未必能进行有效的视觉传达，有时需要对图像进行艺术渲染。

学习目的：改变图像的"色温"和"色调"，进行主观的视觉表达。

1. 在 Camera Raw 中打开案例图像，展开"基本"面板，设置如下："曝光"值为 –2.50、"对比度"值为 –59、"高光"值为 –100、"阴影"值为 +100、"白色"值为 –59、"黑色"值为 +100。弱化图像的反差。

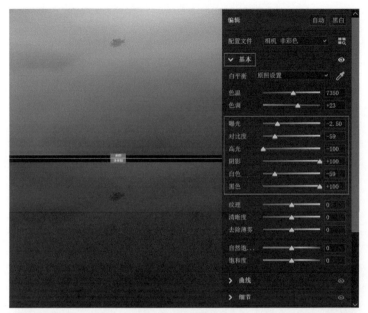

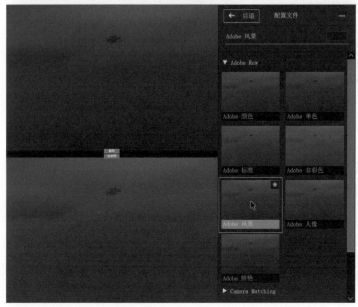

2. 切换到"配置文件"面板，在"Adobe Raw"组别中选择"Adobe 风景"，增强图像的影调效果，单击"后退"，返回"编辑"面板。

3. 在"基本"面板中，设置"色温"值为4200，"色调"值为+7，图像变得神秘而宁静，说明色调渲染效果很成功。

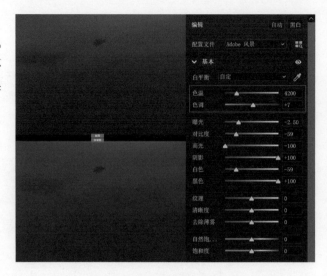

1. 为图像添加冷色调效果的秘诀如下。

（1）降低图像的明度。

（2）降低图像的反差。

（3）降低图像的色温。

2. 为图像添加暖色调效果的秘诀如下。

（1）增加图像的明度。

（2）增加图像的反差。

（3）增加图像的色温。

第二节　目标调整工具的高级调色技法

虽然使用目标调整工具可以实现对图像色彩的精确调整，但是同时也应该掌握使用"混色器"面板增强主体色、弱化陪体色的技巧。

学习目的： 学习如何使用目标调整工具配合手动颜色调整，增强主体色、弱化陪体色。

1. 在Camera Raw中打开案例图像，展开"基本"面板，设置如下："曝光"值为–1.85、"对比度"值为–12、"高光"值为–64、"阴影"值为+19、"白色"值为+41、"黑色"值为–69、"清晰度"值为–20、"饱和度"值为+33。调整图像的影调。

2. 展开"混色器"面板，选择"目标调整工具"，在图像中单击鼠标右键，弹出目标调整工具的上下文菜单，选择"色相"，"混色器"面板会自动切换并显示相应控件选项。

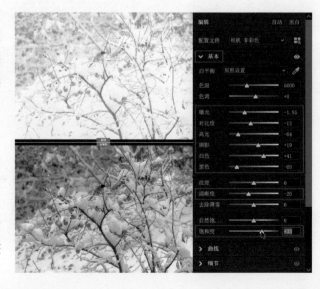

在柿子上按住鼠标左键并向左拖曳直至"红色"值为-4、"橙色"值为-25，使柿子变成金黄色。

3. 在图像中单击鼠标右键，在弹出的上下文菜单中选择"饱和度"，在柿子上按住鼠标左键并向右拖曳直至"红色"值为+8、"橙色"值为+56，增加柿子的颜色强度。

4. 在图像中单击鼠标右键，在弹出的上下文菜单中选择"明亮度"，在柿子上按住鼠标左键并向右拖曳直至"红色"值为+8、"橙色"值为+55，使柿子从背景中"跳跃"出来。

5. 在图像中单击鼠标右键，在弹出的上下文菜单中选择"饱和度"，在鸟儿羽毛处按住鼠标左键并向右拖曳直至"浅绿色"值为+2、"蓝色"值为+15，增强鸟儿羽毛的饱和度。

6. 在"混色器"面板中，手动设置"黄色""绿色""紫色""洋红"的"饱和度"值为–60，因为这些颜色不是主体色，所以需要弱化处理。

7. 降低陪体饱和度的数值时，颜色过渡自然即可，没有具体的硬性标准。

使用目标调整工具调色，调整前后效果对比如右图所示。

小结

当主体色和背景色相同时，需要在滤镜中突出主体、弱化陪体。

第三节　局部调色的高级技法

图像中的色彩传达着摄影师的感受，同时也影响着观者的情绪。把握好图像中的色调，也就掌控了内容的有效传达。所以，学会在Camera Raw中对图像进行局部精准调色，显得格外重要。

学习目的： 学习如何使用滤镜面板对图像的局部区域进行精准的、艺术化的调色。

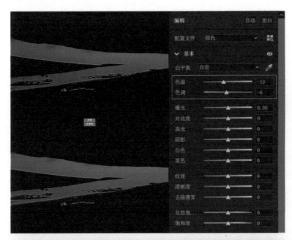

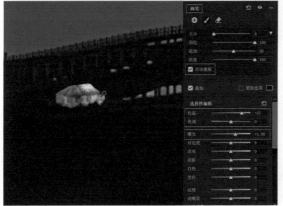

一、局部绘制法

局部绘制法就是使用"调整画笔"工具，对图像的局部区域精细地绘制色调效果的技法。

1. 在Camera Raw中打开案例图像，展开"基本"面板，设置"色温"值为–19、"色调"值为–6，为图像整体添加冷色调效果。

2. 在工具栏中选择"调整画笔"工具，"编辑"面板自动切换成"画笔"面板。将"色温"滑块拖曳至+57，"曝光"滑块拖曳至+1.00，调整好画笔大小，设置"羽化"值为100、"流动"值为50、"浓度"值为100，勾选"自动蒙版"复选框，开启"调整画笔"的智能遮挡模式，按住鼠标左键在帐篷处小心绘制。

3. 调整前后效果对比如左图所示。

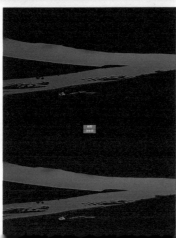

二、褪色叠加法

褪色叠加法就是使用"调整画笔"、"渐变滤镜"或"径向滤镜"工具，对图像局部区域进行褪色并叠加色调的技法。特殊场景可以完全褪色，来叠加色调效果。

1. 在Camera Raw中打开案例图像，在工具栏中选择"污点去除"工具，"编辑"面板自动切换成"修复"面板，在"修复"模式下，设置"羽化"值为0、"不透明度"值为100，调整好画笔大小，将荷花中的瑕疵去除。

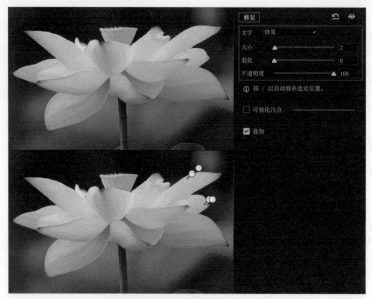

2. 展开"基本"面板，设置如下："色温"值为5050、"色调"值为+39、"曝光"值为−0.85、"对比度"值为−6、"高光"值为−41、"阴影"值为+28、"白色"值为+56、"纹理"值为+7、"清晰度"值为−60、"自然饱和度"值为+41、"饱和度"值为+10。

3. 展开"渐变滤镜"面板，将"曝光"滑块拖曳至 –0.45，将"饱和度"滑块拖曳至 –60；单击"颜色"样本框，弹出"拾色器"对话框，设置"色相"值为 222、"饱和度"值为 63，单击"确定"按钮。

按住 Shift 键（使渐变滤镜的走向为直线），在画布上由里向外（从靠近图像向远离图像的方向）拉出一个渐变效果，图像全部褪色并叠加上冷色调效果。

4. 单击"渐变滤镜"面板中的"从选定调整中清除"图标，设置"羽化"值为 100、"流动"值为 100；勾选"自动蒙版"复选框，开启清除画笔的智能遮挡模式，清除荷花的边缘区域，只要画笔中心点不越出边界，清除任务就会很成功。

第九章 Camera Raw 高级调色技法

5. 取消勾选"自动蒙版"复选框，在荷花内径快速均匀地擦除应用效果，只有背景应用了褪色叠加效果。

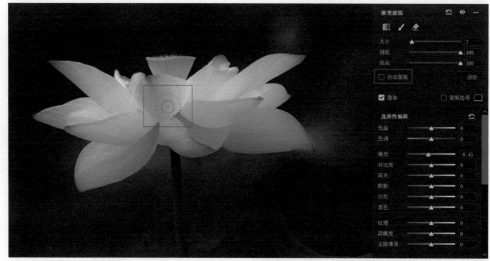

6. 调整前后效果对比如右图所示。

三、源色相调色法

滤镜面板中的源色相控件可以改变图像的色相，配合"目标调整工具"，可以实现对图像局部区域的色相扩展化调整，实现神奇的调色效果。

案例图像是第三章第四节"目标调整工具高级使用技法"中案例二的效果图。

1. 在Camera Raw中打开案例图像，展开"渐变滤镜"面板，按住Shift键（使渐变滤镜的走向为直线），在画布上由里向外（从靠近图像向远离图像的方向）拉出一个渐变效果。

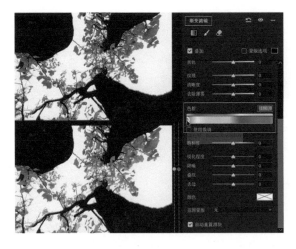

2. 将源色相控件拖曳至 –180.0，神奇的效果呈现在眼帘，如梦幻般宁静。

小结

对于背景较复杂的图像，在局部区域调色时，可以配合"颜色"和"明亮度"范围蒙版来实现精准的、艺术化的调色。

第四节　低饱和调色的高级技法

鲜艳的色彩可以表达愉悦的情感，淡雅的色彩可以表达记忆或忧郁的情感。所以，低饱和调色在图像后期制作中比较流行。

学习目的： 熟练掌握低饱和调色的各种高级实用技法。

一、自然饱和度褪色法

在 Camera Raw 中制作低饱和图像时，"自然饱和度"滑块起着至关重要的作用。当减小"自然饱和度"数值时，原饱和度较高的颜色所受影响较小，原饱和度较低的颜色所受影响较大。

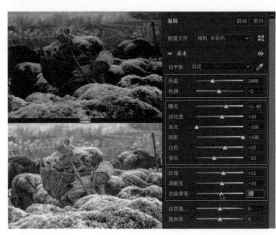

1. 在 Camera Raw 中打开案例图像，展开"基本"面板并设置如下："色温"值为 5400、"色调"值为 –2、"曝光"值为 +1.40、"对比度"值为 +10、"高光"值为 –100、"阴影"值为 +100、"白色"值为 +23、"黑色"值为 –25、"纹理"值为 +15、"清晰度"值为 +10、"去除薄雾"值为 +6。

2. 展开"效果"面板并设置如下："样式"为"高光优先"、"晕影"值为–15、"中点"值为0、"圆度"值为0、"羽化"值为100、"高光"值为0。弱化周边环境，突出主体。

3. 展开"细节"面板并设置如下："锐化"值为31、"半径"值为0.8、锐化"细节"值为20、"蒙版"值为65、"降噪"值为15、降噪"细节"值为50、"对比度"值为25、"减少杂色"值为25、颜色"细节"值为50、"平滑"值为100。

4. 展开"基本"面板，将"自然饱和度"滑块拖曳至–33，由于该调整对原饱和度较高的颜色（主体色）影响较小，对原饱和度较低的颜色（背景色）影响较大，所以，低饱和调色可以一键完成。

二、目标调整工具褪色法

目标调整工具可以增强图像局部色彩的强度，也可以降低图像局部色彩的强度，这种技法多应用于饱和度高中有低的图像调色。

1. 在 Camera Raw 中打开案例图像，展开"基本"面板并设置如下："色温"值为6550、"色调"值为−3、"曝光"值为+1.00、"对比度"值为+8、"高光"值为−98、"阴影"值为+48、"白色"值为+42、"黑色"值为−41、"清晰度"值为+20、"去除薄雾"值为+17。

2. 展开"细节"面板并设置如下："锐化"值为35、"半径"值为1.1、锐化"细节"值为46、"蒙版"值为87，"降噪"值为28、降噪"细节"值为75、"对比度"值为75、"减少杂色"值为29、颜色"细节"值为50、"平滑"值为75。

3. 展开"混色器"面板，选择"目标调整工具"，在图像中单击鼠标右键，弹出目标调整工具的上下文菜单，选择"饱和度"，"混色器"调整面板会自动切换并显示相应控件选项。

在孩子母亲的衣服上按住鼠标左键并向左拖曳直至"红色"值为−15、"橙色"值为−3。孩子的母亲是第一陪体，降低的数值较小为好。

4. 在孩子爷爷的衣服上按住鼠标左键并向左拖曳直至"蓝色"值为–40、"紫色"值为–1。

5. 在孩子爸爸的裤子上按住鼠标左键并向左拖曳直至"黄色"值为–60、"绿色"值为–33。

6. 调整前后效果对比如左图所示。

三、滤镜蒙版法

滤镜蒙版法就是利用Camera Raw中的滤镜工具，先对图像整体应用效果，再使用具有橡皮擦功能的画笔擦除要突出的局部区域的应用效果。

1. 在Camera Raw中打开案例图像，切换到"配置文件"面板，在"Camera Matching"组别中选择"风景"，增强图像的影调效果，单击"后退"，返回"编辑"面板。

2. 展开"基本"面板并设置如下："色温"值为5350、"色调"值为+2、"曝光"值为+1.75、"对比度"值为−1、"高光"值为−62、"阴影"值为+84、"白色"值为−2、"黑色"值为−21、"自然饱和度"值为+28。完成影调和色调的调整。

3. 展开"效果"面板并设置如下："样式"为"颜色优先"、"晕影"值为−40、"中点"值为0、"圆度"值为0、"羽化"值为100、"高光"值为0。弱化周边环境，突出主体。

4. 展开"渐变滤镜"面板并设置如下："色温"值为−5、"曝光"值为−0.30、"饱和度"值为−48（所有设置都可以在应用效果后再微调）。按住Shift键（使渐变滤镜的走向为直线），在画布上由里向外（从靠近图像向远离图像的方向）拉出一个渐变效果，图像整体被弱化。

5. 单击面板顶部的"从选定调整中清除"图标 ，设置"羽化"值为100、"流动"值为50，不要勾选"自动蒙版"复选框，调整好画笔大小，采取直接涂抹的方式在主体区域细心涂抹。

勾选"蒙版选项"复选框，在图像预览窗口中显示蒙版叠加效果，协助查看涂抹区域完成效果。查看后要取消勾选"蒙版选项"复选框，否则会影响下一次的操作。

6. 使用滤镜蒙版法调整前后效果对比如左图所示。

四、高（低）对比度欠饱和实用技法

高（低）对比度欠饱和图像的制作方法是在自然饱和度褪色法的基础上，增大（减小）图像的反差。

1. 高对比度欠饱和技法

在Camera Raw中打开案例图像，展开"基本"面板并设置如下："曝光"值为–2.10、"白色"值为+76、"自然饱和度"值为–60、"饱和度"值为–10。高对比度欠饱和图像制作完成。

2. 低对比度欠饱和技法

在Camera Raw中打开案例图像，展开"基本"面板并设置如下："曝光"值为–0.30、"白色"值为+66、"自然饱和度"值为–60、"饱和度"值为–10。低对比度欠饱和图像制作完成。

五、褪色的HDR效果

褪色的HDR效果就是在"基本"面板中，对图像进行超自然褪色的HDR调整。其中，对比度、高光、阴影、白色、黑色、清晰度是创建"褪色的HDR效果"影调的关键，调整自然饱和度和饱和度是实现褪色的手段。

1. 在Camera Raw中打开案例图像，切换到"配置文件"面板，在"Camera Matching"组别中选择"人像"，渲染图像的影调效果，单击"后退"，返回"编辑"面板。

2. 展开"基本"面板并设置如下："色调"值为+17，"曝光"值为–0.25、"对比度"值为+100、"高光"值为–100、"阴影"值为+100、"白色"值为–100、"黑色"值为+100、"纹理"值为+28、"清晰度"值为+60、"自然饱和度"值为–50、"饱和度"值为–10。褪色的HDR效果制作完成。

3. 展开"细节"面板并设置如下："锐化"值为100、"半径"值为2.0、锐化"细节"值为8、"蒙版"值为10，"降噪"值为18、降噪"细节"值为90、"对比度"值为90、"减少杂色"值为25、颜色"细节"值为25、"平滑"值为75。

4. 展开"效果"面板并设置如下："样式"为"高光优先"、"晕影"值为–15、"中点"值为0、"圆度"值为+100、"羽化"值为100、"高光"值为0。弱化周边环境，突出主体。

5. 调整前后效果对比如右图所示。

　　只有熟练掌握各种低饱和调色的技法，才能在具体的实战中进行综合运用。对于特别复杂的图像，还可以配合"调整画笔"工具，对局部区域进行精细的调整，使拍摄想法和后期制作完美融合，从而实现有效的视觉传达。

第五节　制作电影色调效果的高级技法

　　具有幽默诙谐的场景或戏剧化情节的图像适合制作电影色调效果。制作电影色调效果的方法很多：可以在"点曲线"面板中，使用颜色通道制作电影色调效果；在"混色器"调整面板中，通过改变不同颜色的色相和饱和度来制作电影色调效果；在"颜色分级"调整面板中，通过向高光、中间调和阴影区域添加不同的色调制作电影色调效果；还可以在"校准"调整面板中通过调整阴影、红原色、绿原色和蓝原色来制作电影色调效果。下面推荐两种简单便捷的制作电影色调效果方法，以供读者参考。

　　学习目的： 学习制作电影色调效果的方法。

一、利用配置文件和内置预设制作电影色调效果

　　使用Camera Raw提供的配置文件和内置预设制作电影色调效果是简单便捷的。

　　1. 使用配置文件制作电影色调效果

　　（1）在Camera Raw中打开案例图像，展开"基本"面板并设置如下："色调"值为+26，"对比度"值为+12、"高光"值为–100、"阴影"值为+42、"白色"值为+32、"黑色"值为–5、"清晰度"值为+23、"自然饱和度"值为–24、"饱和度"值为–26。

（2）切换到"配置文件"面板，在"艺术效果"组别中选择"艺术效果 04"，为图像渲染电影色调。

2. 使用内置预设制作电影色调效果

在Camera Raw中打开案例图像，展开"预设"面板，选择"创意"组别中的"蓝绿色和红色"完成调色任务。

3. 使用"懒汉调图"制作电影色调效果

在Camera Raw中打开案例图像，展开"预设"面板，选择"懒汉调图"预设组"17、电影色调–闭合式–202008010"中的"01：老旧照片"，完成调色任务。

二、使用"颜色"样本框制作电影色调效果

单击滤镜面板中的"颜色"样本框，在弹出的"拾色器"对话框中挑选颜色样本，可以给图像制作各种电影色调效果。

1. 在Camera Raw中打开案例图像，在工具栏中选择"渐变滤镜"工具。在"渐变滤镜"面板中单击"颜色"样本框，弹出"拾色器"对话框，设置"色相"值为193、"饱和度"值为100（电影色调的强度由"饱和度"管控），单击"确定"按钮。

2. 按住Shift键（使渐变滤镜的走向为直线），在画布上由里向外（从靠近图像向远离图像的方向）拉出一个渐变效果。由于渐变滤镜应用在画布上，所以图像完全被渲染。

3. 降低"饱和度"值，会产生更艺术化的调色效果。调整饱和度前后效果对比如下图所示。

小结

在使用"渐变滤镜"工具制作电影色调效果时，可以多次弹出"拾色器"对话框，设置不同的颜色色相及饱和度，以制作多种电影色调效果。

第十章

创建高品质
黑白图像

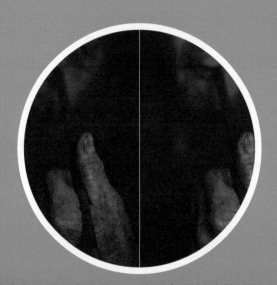

    如何创建高品质黑白图像，一直是备受关注的话题。在 Camera Raw 中转换黑白图像，可以充分发挥 RAW 格式文件的优越性，这是创建高品质黑白图像的有力保证，也是创建高品质黑白图像的最佳途径之一。具体来讲，在 Camera Raw 中转换黑白图像的优点还有："黑白混色器"调整面板控件多，有利于对图像的特定颜色进行更加精确的调控；Camera Raw 提供了多种黑白预设且效果显著；可以轻松地为黑白图像添加色调；能充分利用物体本身的固有色彩，提高或降低物体本身的明度值；操作简单、快捷、实用，容易上手。

第一节 自动混合法

自动调整灰度混合,可使灰度值的分布最大化。自动混合法通常会产生极佳的效果,可以使用颜色滑块调整灰度值的起点,并可以保证图像的整体色调、亮度和对比度不会出现大的波动。

学习目的: 学习使用自动调整灰度混合技法。

1. 在 Camera Raw 中打开案例图像,直接在"编辑"面板中单击"黑白"按钮。

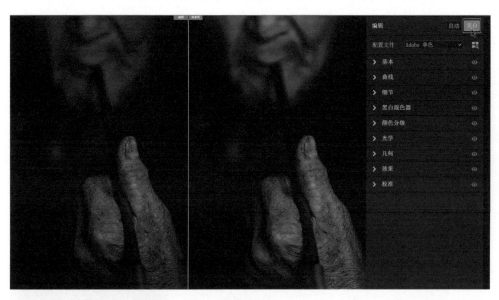

2. 展开"黑白混色器"面板。由于 Camera Raw 将原始图像渲染为单色,故"黑白混色器"面板内各颜色滑块的默认值为 0。

3. 单击"黑白混色器"面板中的"自动"按钮,Camera Raw 将根据原始图像的颜色值,自动设置灰度混合,并使灰度值的分布最大化。

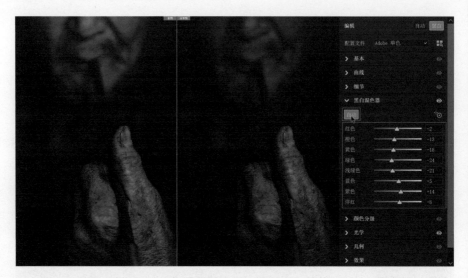

4.在"基本"面板中设置"白色"值为+42、"纹理"值为+23、"清晰度"值为+21、"去除薄雾"值为+14,增强图像的视觉感染力。

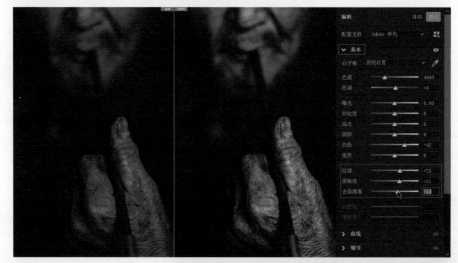

5.调整前后效果对比如右图所示。

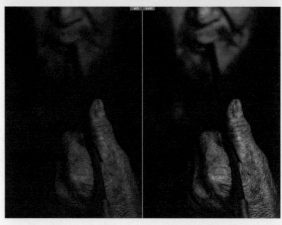

小结

自动设置灰度混合后的效果,可作为个性化调整的起始点。

第二节 "黑白"配置文件转换法

将"黑白"配置文件应用于图像的黑白转换，效果很好，且非常实用。这些配置文件是开放式的叠加应用，不会更改或覆盖其他控制滑块的数值。"黑白"配置文件里有17种滤镜模式，总有一种符合制作要求；并且"黑白"配置文件还提供一个数量滑块，它可以控制配置文件滤镜效果的强度。

使用数量滑块之前，需要先了解滤镜效果原理。滤镜只让同色的光通过，而互补色完全被阻挡，互补色左右的颜色所受的阻挡依次减弱。也就是说，数量滑块数值增大，同色的明度会升高，互补色的明度会降低；数量滑块数值减小，效果则相反（图中选择的是"黑白红色滤镜"）。

滤镜效果原理

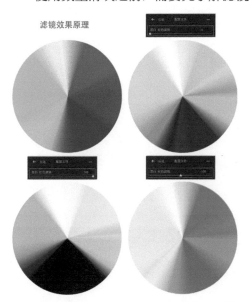

学习目的： 学会使用适合图像的"黑白"配置文件转换图像。

1.在Camera Raw中打开案例图像，展开"几何"调整面板，选择"Upright"栏中的"自动"模式，对图像进行平衡透视校正。

2. 切换到"配置文件"面板，在"黑白"组别中选择"黑白橙色滤镜"并将滤镜数量滑块拖曳至117，增强滤镜的强度。单击"后退"，返回"编辑"面板。

3. 展开"基本"面板并设置"高光"值为–75、"阴影"值为+50，调整图像的影调，完成黑白效果转换。

小结

对于选择哪种黑白滤镜，最简单的办法是将鼠标指针悬停到任意配置文件上，预览其效果，单击相应配置文件即可应用效果。

第三节　内置预设动作转换法

在"预设"面板中，Camera Raw存储了9组预设集，分别是闭合式"颜色""创意""黑白""默认值"预设集，开放式"光学""颗粒""曲线""锐化""晕影"预设集。

学习目的： 学习使用内置预设转换"黑白"图像。

一、Camera Raw 默认预设动作转换法

展开"黑白"预设集，将鼠标指针悬停在各预设动作上，逐一预览效果，单击"黑白 风景"应用预设效果。"黑白 风景"预设的效果很像绿色滤镜效果，压暗了天空，突出了主体。其他9种黑白预设效果均叠加了"基本"调整，最后3种还叠加了"颜色分级"应用，效果令人满意。

调整前后效果对比如左图所示。

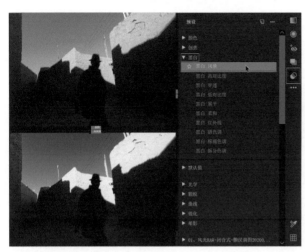

二、个性化预设动作转换法

在笔者提供的"懒汉调图"预设中，有19种黑白顺光和19种黑白逆光闭合式预设效果，读者下载后安装即可（安装方法详见第八章第四节，或观看"懒汉调图"安装方法的视频文件）。

在 Camera Raw 中打开案例图像，展开"预设"面板中的"08、黑白–顺光–闭合式20210101"组，让鼠标指针在预设动作上悬停，逐一预览效果，单击"01：红色高对比度–弱"应用预设效果。

调整前后效果对比如左图所示。

▍小结

选择的黑白预设效果，要服务于主体并能使图像呈现最大化的灰度值分布（使图像的反差最大限度地增大）。

第四节 "黑白混色器"调整法

在使用"黑白混色器"调整影调前，千万不要对图像做任何影调的调整。只有这样，才能真正发挥"黑白混色器"的强大作用，利用物体本身的固有色提高或降低物体本身的明度。

学习目的： 学习如何使用"黑白混色器"个性化地控制图像局部区域的明度。

1. 在Camera Raw中打开案例图像，直接在"编辑"面板中单击"黑白"按钮。

2. 展开"黑白混色器"调整面板，单击"目标调整工具"图标，面板内颜色滑块的默认值均为0。

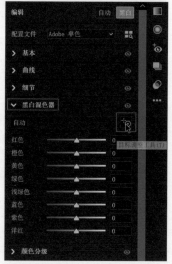

3. 将图像放大至100%，按住空格键移动画面。在野花处按住鼠标左键并向右拖曳直至"紫色"值为+100、"洋红"值为+21。

4. 野花明度提高，且没有产生噪点。

5. 在蓝天处按住鼠标左键并向左拖曳直至"蓝色"值为–64、"浅绿色"值为–2，恢复天空的层次。

6. 在人物面部位置按住鼠标左键并向右拖曳直至"红色"值为+45、"橙色"值为+80，与人物皮肤颜色相同的区域细节得到了恢复。

7. 在小草叶子上按住鼠标左键并向右拖曳直至"黄色"值为+42、"绿色"值为+57，图像中间调细节更加丰富。

8. 使用"黑白混色器"调整前后效果对比如右图所示。

小结

使用"黑白混色器"提高物体明度时，几乎不会产生噪点，一键式操作，直观有效、简单易学；如果使用增加"曝光"值的方式来提高局部区域的明度，将产生大量的噪点；其缺点是颜色相同的局部区域的明度会同时被调整。

第五节　给黑白图像添加色调效果

在Camera Raw中，黑白图像不含任何颜色数据。给黑白图像添加单色调、双色调或多色调效果，可以使用Camera Raw中的"颜色分级"调整面板、"曲线"调整面板和滤镜工具来实现。

学习目的： 学习给黑白图像添加色调效果的几种技法。

一、用"颜色分级"调整面板添加色调的技法

在"颜色分级"面板中，给黑白图像添加色调十分简单，一键调整，效果极佳，既可以给图像添加色调，也可以生成分离色调效果，从而对图像的阴影、中间调和高光区域应用不同的、个性化的色调效果。

1. 添加单色调技法

打开本章第一节调整过的案例图像，展开"颜色分级"面板，将阴影区域的"色相"滑块拖曳至216、"饱和度"滑块拖曳至10、"混合"滑块拖曳至100；整幅图像被附上了淡淡的冷色调，色调和环境相得益彰。

添加单色调前后效果对比如下图所示。

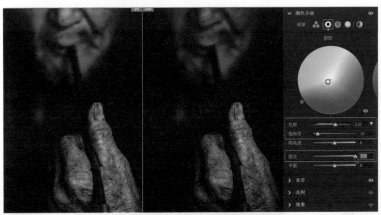

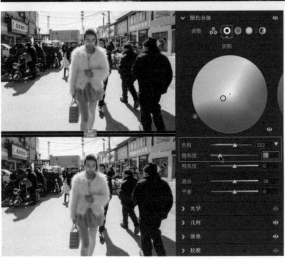

2. 添加双色调技法

（1）打开本章第二节调整过的案例图像，展开"颜色分级"面板，选择"阴影"模式并设置"色相"值为212、"饱和度"值为20，为图像的阴影区域添加冷色调效果。

（2）选择"高光"模式并依次设置如下："色相"值为45、"饱和度"值为20、"混合"值为100、"平衡"值为–30。为图像的高光区域添加暖色调效果。

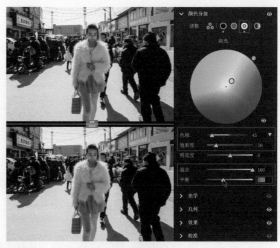

（3）添加双色调前后效果对比如右图所示。

3. 添加三色调技法

（1）在 Camera Raw 中打开案例图像，切换到"配置文件"面板，在"黑白"组别中选择"黑白 03"，单击"后退"，返回"编辑"面板。

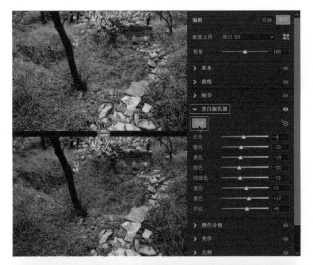

（2）展开"黑白混色器"面板，单击"自动"，自动设置灰度混合，并使灰度值的分布最大化。

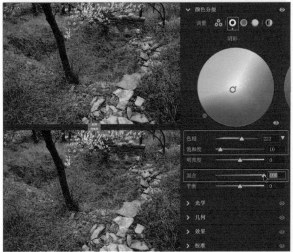

（3）展开"颜色分级"面板，选择"阴影"模式并依次设置如下："色相"值为222、"饱和度"值为10、"混合"值为100。为图像的阴影区域添加冷色调效果。

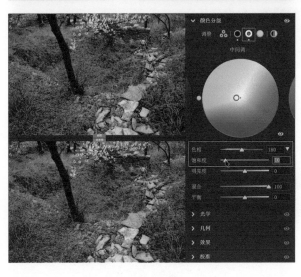

（4）选择"中间调"模式并依次设置如下："色相"值为180、"饱和度"值为10。为图像的中间调区域添加青绿色调效果。

（5）选择"高光"模式并依次设置如下："色相"值为45、"饱和度"值为20、"混合"值为100、"平衡"为–40。为图像的高光区域添加暖色调效果。

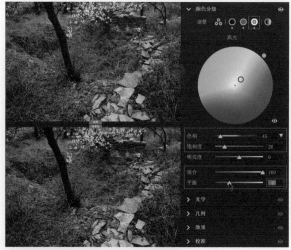

（6）添加三色调前后效果对比如右图所示。

二、用"曲线"调整面板添加色调的技法

在"曲线"面板的各个颜色通道中，可以很轻松地给黑白影像加入单色调、双色调或多色调效果，创建独特的、具有深邃之美的黑白色调。

1. 添加单色调技法

在Camera Raw中打开案例图像，展开"曲线"面板，选择"红色"通道。在曲线编辑器中，直接拖曳中间调调整点直至"输出"值为113、"输入"

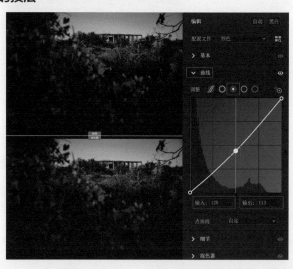

值为128，为图像中间调添加青色，单色调制作完成。

2. 添加双色调技法

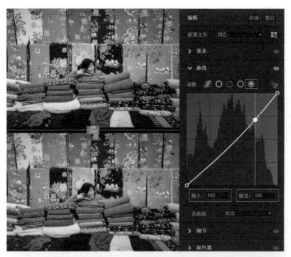

（1）在Camera Raw中打开案例图像，展开"曲线"面板，选择"蓝色"通道。在曲线编辑器中，直接拖曳高光调整点直至"输出"值为181、"输入"值为192，为图像高光区域添加黄色。

（2）选择"绿色"通道。在曲线编辑器中，直接拖曳阴影调整点直至"输出"值为3、"输入"值为0，为图像阴影区域添加绿色，双色调制作完成。

（3）图像调整前后效果对比如左图所示。

3. 添加多色调技法

（1）在 Camera Raw 中打开案例图像，展开"曲线"面板，选择"红色"通道。在曲线编辑器中，直接拖曳中间调调整点直至"输出"值为132、"输入"值为128，为图像中间调区域添加红色。

（2）选择"绿色"通道，在曲线编辑器中，直接拖曳黑场调整点直至"输入"值为15、"输出"值为0，为图像最暗区域添加洋红色。

（3）在"绿色"通道中，直接拖曳中间调调整点直至"输出"值为138、"输入"值为128，为图像中间调区域添加绿色。

（4）选择"蓝色"通道，在曲线编辑器中，直接拖曳白场调整点直至"输出"值为247，"输入"值为255，为图像最亮区域添加黄色。渲染出泛黄的老照片的效果。

（5）图像调整前后效果对比如下图所示。

三、用滤镜工具添加色调的技法

使用滤镜工具给图像添加色调的好处是：

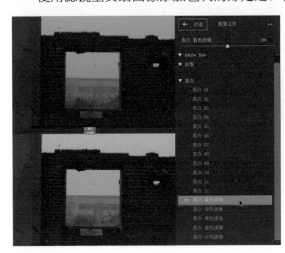

使用滤镜工具的"范围蒙版"功能，对局部区域添加不同的色调，可以创建更加个性化的黑白色调效果。

1. 在Camera Raw中打开案例图像，切换到"配置文件"面板，在"黑白"组别中选择"黑白蓝色滤镜"，增强图像的反差效果，单击"后退"，返回"编辑"面板。

2. 展开"基本"面板并设置如下:"曝光"值为−0.50、"对比度"值为+35、"高光"值为−66、"阴影"值为−15、"白色"值为+26、"纹理"值为+50、"清晰度"值为+17。

3. 展开"几何"面板,在"Upright"栏中选择"完全"模式,对图像进行水平、横向和纵向透视校正。

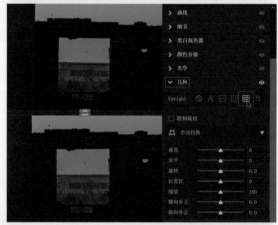

4. 展开"渐变滤镜"面板,单击"颜色"样本框,在弹出的"拾色器"对话框中,设置"色相"值为180、"饱和度"值为20,单击"确定"按钮。

5. 按住Shift键(使渐变滤镜的走向为直线),在画布上由里向外(从靠近图像向远离图像的方向)拉出一个渐变效果。由于"渐变滤镜"应用在画布上,所以图

像全部被添加了青绿色。

6. 展开"范围蒙版"下拉菜单，选择"明亮度"，Windows系统中按住Alt键（Mac系统中按住option键）并拖曳阴影部分"亮度范围"滑块至14，阴影区域被

遮挡；按住Alt键并拖曳"平滑"滑块至100，扩展应用效果区域，图像中较暗的阴影区域应用了少量的青绿色效果。

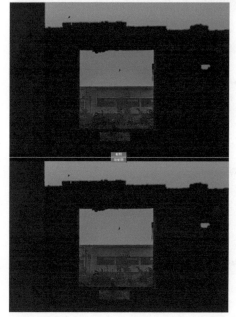

7. 使用滤镜工具添加色调后，图像的色调和情景完美融合，调整前后效果对比如左图所示。

▬▬▬▬▬ 小结

色彩作为一种独立的抽象体，极具感染力。所以，为图像添加色调时需要谨慎地考量，使之具备符号化的特征，既要表达主观的情感，又要与主体、情景相吻合，达到情景和色调交融的艺术化处理效果。

第六节　色温、色调调节明度法

使用"黑白混合器"调整黑白图像时，图像的色彩信息很重要，可以用于调整颜色的明度；如果想使相同颜色的明度不同，可以使用滤镜面板中的"色温""色调"控件来改变特定区域颜色的明度。

学习目的： 学习如何使图像中相同的颜色产生不同的明度。

1. 在Camera Raw中打开案例图像，切换到"配置文件"面板，在"黑白"组别中选择"黑白 红色滤镜"，增强图像的反差效果，将"黑白 红色滤镜"效果的数量滑块调整至145（增强滤镜效果的强度），单击"后退"，返回"编辑"面板，完成黑白效果转换。

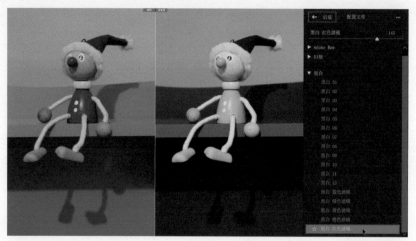

2. 在工具栏中选择"调整画笔"工具，"编辑"面板自动切换成"画笔"面板。将"色温"滑块拖曳至-100，调整好画笔大小，设置"羽化"值为100、"流动"值为100、"浓度"值为100，勾选"自动蒙版"复选框，开启调整画笔的智能遮挡模式，在玩具帽子处细心涂抹。玩具帽子的颜色由于添加了冷色调，在红色滤镜模式下受到阻挡而被压暗。

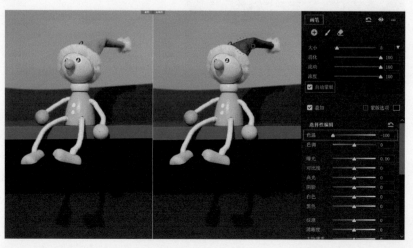

图像转换为黑白效果后，因为 Camera Raw 依然清晰地记得物体的固有色彩，所以当调整画笔开启智能遮挡模式（自动蒙版）时，遮挡功能依然有效。

　　3. 如果感觉玩具帽子还不够暗，可将"色调"滑块拖曳至+100，让玩具帽子再变暗。如果想得到更强的应用效果，在调整画笔圆形图钉处单击鼠标右键，展开上下文菜单，选择"复制"即可。需要提醒读者注意的是：如果将色温、色调进行反向设置，那么玩具帽子将变亮。

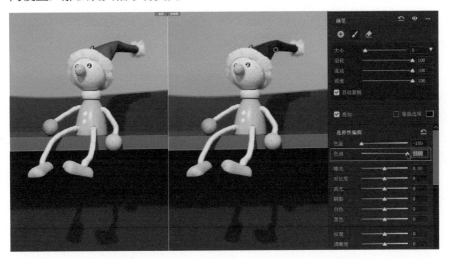

　　4. 使用"调整画笔"工具对图像局部进行色温、色调调整，调整前后效果对比如下图所示。

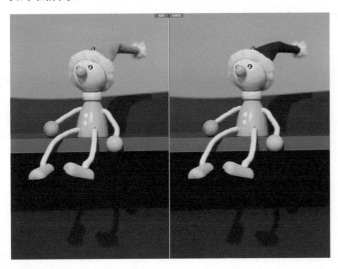

<hr>

小结

1. 利用物体本身的固有色彩，提高或降低物体本身明度的好处是：图像不产生噪点。

2. 在"基本"面板中，调整色温、色调可整体调整图像的明度。

第十一章

Camera Raw
合成全景图像
的高级技法

在 Camera Raw 中可以创建高品质的、全新智能化的全景合
成图像，并且得到一张 DNG 格式的原始图像，而在 Photoshop 中
合成全景图像将得到 8 位的 Photoshop 图像，不是 RAW 格式文件。

第一节　创建球面投影全景图像的高级技法

　　球面投影模式非常适合上下多行拍摄或超宽幅全景图，它能自动对齐并转换图像，就像将图像映射到球体内部，类似于360度全景图。

学习目的： 学习创建球面投影全景图像的高级技法。

　　1. 选择要合成全景图的案例图像并在Camera Raw中打开，在胶片栏缩览图中单击鼠标右键（或者单击 ··· 图标），展开上下文菜单，选择"全选"，再次在胶片栏缩览图中单击鼠标右键，展开上下文菜单，选择"合并到全景图"（Windows系统的快捷键为 Ctrl+M，Mac系统的快捷键为 command+M）。

　　2. 在弹出的"全景合并预览"对话框中，选择默认"球面"投影模式。

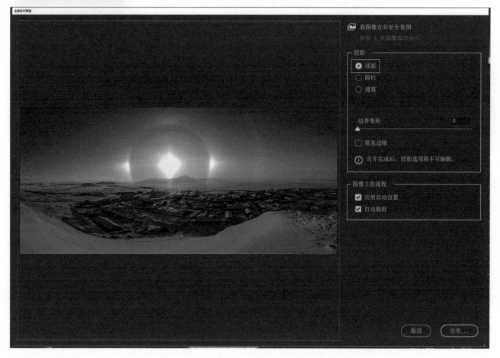

3. 取消勾选"自
动裁剪"复选框（勾
选"自动裁剪"复
选框，图像周边的
透明区域会自动被
裁剪，收缩图像视
觉效果）被裁剪掉
的图像扭曲部分全
部还原。

4. "应用自动设
置"不适合本案例
图像，因此取消勾
选（绝大多数图像
勾选"应用自动设
置"复选框得到的
效果很棒）。

5. 勾选"填充边
缘"复选框，图像
周边的透明区域会
自动被填充，完善
图像视觉效果。

6. 取消勾选"填充边缘"复选框，将"边界变形"滑块拖曳至100，对全景图像进行校正并填充画布，图像像素得到了最大化的有效应用（否则可能会因裁剪而丢失）。"边界变形"滑块可以控制要应用的边界变形的程度。

7. 当遇到场景复杂或有明显的横竖线条的图像时，可以先将"边界变形"滑块拖曳至个人能接受的变形程度，再勾选"填充边缘"复选框，以填充图像的透明区域。本案例中，将"边界变形"滑块拖曳至65。

8. 再次勾选"填充边缘"复选框，自动填充图像周边的透明区域，完善图像的视觉效果。

第十一章 Camera Raw 合成全景图像的高级技法

9. 单击"合并"按钮保存新创建的全景图像，在弹出的"合并结果"对话框中，单击"保存"按钮（Windows系统中按住Alt键，Mac系统中按住option键，可跳越保存这一步），合并图像的文件名会附加"-Pano"后缀。

10. 创建球面投影全景图像成功，效果如下图所示。

11. 新创建的全景图像被保存在原图像所在的文件夹中。

小结

1. 为了确保全景图的合成效果，用于合成的图片应尽量使用三脚架拍摄；如果是手持拍摄，应尽量减少身体的移动和相机的位移。

2. 用于合成全景图的每张图像保持相同的曝光度，有助于创建无缝的最终全景图。

3. 在拍摄用于合成全景图的图片时，每张图片的重叠量应在20%左右，否则创建不能完成。

4. 不要使用相机的自动全景图模式拍摄，因为这样得到的全景图像不是RAW格式文件。

5. "填充边缘"和"自动裁剪"复选框不能同时勾选。

第二节　创建圆柱投影全景图像的高级技法

圆柱投影模式非常适合宽幅全景图，它会保持垂直线条平直，也能自动对齐并转换图像，就像将图像映射到圆柱内部一样。

学习目的：学习创建圆柱投影全景图像高级实用技法。

1. 选择要合成全景图的案例图像并在Camera Raw中打开，在胶片栏缩览图中单击鼠标右键，展开上下文菜单，选择"全选"，再次在胶片栏缩览图中单击鼠标右键，展开上下文菜单，选择"合并到全景图"。

2. 在弹出的"全景合并预览"对话框中选择"圆柱"投影模式，图像呈现出立体感。

第十一章 Camera Raw 合成全景图像的高级技法

3. 图像场景复杂且有明显的横竖线条，将"边界变形"滑块拖曳至10。

4. 勾选"填充边缘"复选框，自动填充图像周边的透明区域，完善图像的视觉效果。

5. 单击"合并"按钮并保存图像。

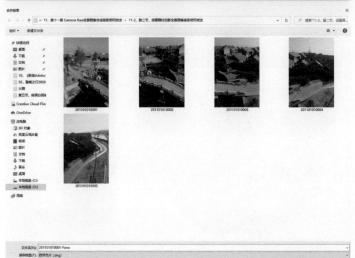

6. 由于图像场景复杂，被填充的区域边缘有明显的后期修图痕迹。

7. 从工具栏中单击"裁剪和旋转"工具图标，将有后期修图痕迹的填充区域裁剪掉，完成创建任务。

小结

　　勾选"填充边缘"复选框，图像被填充的区域如有小面积的填充痕迹，可使用"污点去除"工具去除图像中的瑕疵。

第三节　创建透视投影全景图像的高级技法

透视投影模式就是对全景图进行投影，就像是映射到平面上。由于此模式会保持直线平直，因此它非常适合处理建筑照片和近距离拍摄的照片。

学习目的： 学习创建透视投影全景图像的高级实用技法。

1. 选择要合成全景图的案例图像并在 Camera Raw 中打开，在胶片栏缩览图中单击鼠标右键，展开上下文菜单，选择"全选"，再次在胶片栏缩览图中单击鼠标右键，展开上下文菜单，选择"合并到全景图"。

（1）右图所示为"球面"投影效果。

（2）右图所示为"圆柱"投影效果。

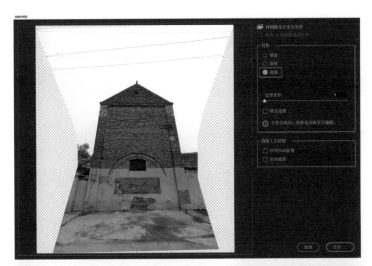

（3）左图所示为"透视"投影效果，此模式效果最好，因此选择此模式。

2. 勾选"填充边缘"复选框，自动填充图像周边的透明区域，完善图像的视觉效果。

3. 展开"光学"面板（Windows 系统的快捷键为 Ctrl+6，Mac 系统的快捷键为 command+6），在"配置文件"选项卡中，勾选"删除色差"和"使用配置文件校正"复选框，对图像的色差、镜头畸变以及晕影进行自动校正。将"扭曲度"滑块拖曳至38，协助完成图像的枕形失真校正。

第十一章 Camera Raw 合成全景图像的高级技法

4. 展开"几何"面板，选择"Upright"栏中的"通过使用参考线"模式，对图像的倾斜畸变进行手动校正，并将"垂直"滑块向右拖曳至+12，完成图像校正任务。

5. 从工具栏中单击"裁剪和旋转"工具图标，将有后期修图痕迹的填充区域裁剪掉，完成创建任务。

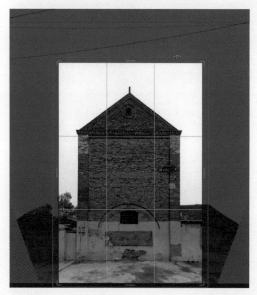

小结

1. 对于超宽幅全景图像，此模式的效果可能并不是很好，因为最终生成的全景图边缘附近会有过度扭曲现象。

2. 对于近景并有明显的横竖线条的图像，慎用"边界变形"功能，防止图像中的线条弯曲变形。

3. 若要精确地绘制参考线，可以勾选"几何"面板中的"放大镜"复选框，协助绘制参考线。

第四节 创建动态全景图像的高级技法

在 Camera Raw 中可以创建动态全景图像，Camera Raw 会对源图像的元数据、动态影像和边界进行智能分析判断，并对其进行有效的遮挡与呈现。

学习目的： 学习创建动态全景图像的高级实用技法。

1. 选择要合成全景图的案例图像并在 Camera Raw 中打开，在胶片栏缩览图中单击鼠标右键，展开上下文菜单，选择"全选"，再次在胶片栏缩览图中单击鼠标右键，展开上下文菜单，选择"合并到全景图"。

2. 在弹出的"全景合并预览"对话框中，选择"球面"投影模式。

3. 勾选"填充边缘"复选框，自动填充图像周边的透明区域，完善图像的视觉效果。

4. 单击"合并"按钮并保存图像。

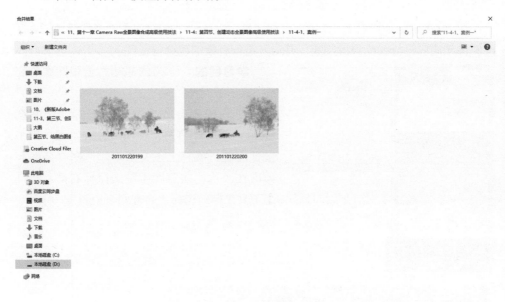

5. 动态的全景图像创建完成。画面中出现了两个牧牛人，可以选择"污点去除"工具将其中一个牧牛人清除。

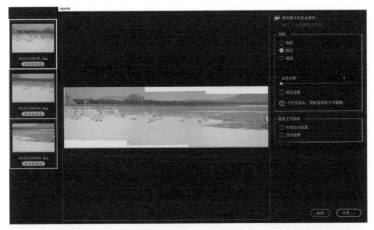

6. 对于处理动态范围较大的图片，Camera Raw的表现能力也十分优秀。

7. 勾选"填充边缘"复选框，自动填充图像周边的透明区域，完善图像的视觉效果；勾选"应用自动设置"复选框，对图像的影调和色调进行自动调整。

8. 创建完成的动态全景图像，效果十分令人满意。

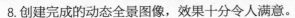

小结

当移动的物体小于图像的10%时，动态全景图像都能顺利被创建。

第十一章 Camera Raw 合成全景图像的高级技法

第十二章

Camera Raw
"合并到HDR" 功能
的高级技法

"合并到HDR" 就是创建高动态范围图像，将同一场景具
有不同曝光度的多个图像合并，从而获得感光元件能够捕捉的
最大色调范围，得到一张32位的高动态范围RAW格式图像。

第一节　创建静态 HDR 图像的高级技法

如果想得到效果最佳的HDR图像，需确保用于合成的每一张图像的曝光都恰到好处。例如，有3张要合成HDR图像的图像，它们的高光、中间调和阴影都要曝光精准。因为用较多的图像合成HDR图像时，容易出现摩尔纹现象。

学习目的：学习创建静态的HDR图像的高级实用技法。

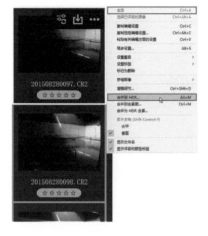

1. 选择要合成 HDR 图像的案例图像并在Camera Raw中打开，在胶片栏缩览图中单击鼠标右键（或者单击■■■图标），展开上下文菜单，选择"全选"，再次在胶片栏缩览图中单击鼠标右键，展开上下文菜单，选择"合并到HDR"（Windows系统的快捷键为 Alt+M，Mac系统的快捷键为option+M）。

2. 案例图像是一组使用三脚架和遥控快门线拍摄的包围曝光照片，取消勾选"HDR合并预览"对话框中的"对齐图像"复选框，让计算机运行加快；如果是手持拍摄的照片，请勾选"对齐图像"复选框，它会将图像之间的细微移动自动对齐。勾选"应用自动设置"复选框，为个性化的调整提供一个良好的影调和色调起始点。

3. 单击"合并"按钮保存新创建的 HDR 图像，在弹出的"合并结果"对话框中，创建的 HDR 图像的文件名会附加一个"-HDR"后缀并被保存在原图像所在的文件夹中，单击"保存"按钮。

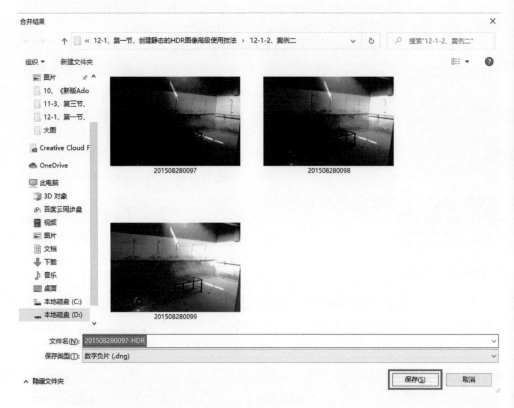

4. 勾选"应用自动设置"复选框后，Camera Raw 自动对图像的影调和色调进行调整，效果不错，高光和阴影细节十分丰富。

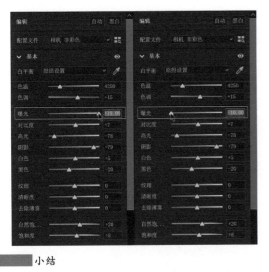

5. 当拖曳"曝光"滑块时，可以发现新创建的HDR图像，可以调控上下共20级的曝光度，是一张32位的高动态范围的RAW格式图像。

小结

　　如果想得到效果最佳的HDR图像，一定要使用三脚架拍摄用于合成的图像。如果是手持拍摄用于合成的图像，应尽量减少身体的移动和相机的位移。

第二节　创建动态 HDR 图像的高级技法

　　动态的HDR图像在Camera Raw中也可以轻松地一键创建，因为Camera Raw会对源图像的元数据、动态影像和边界进行智能分析判断，并对图像进行有效的遮挡与呈现。

　　学习目的： 学习创建动态的HDR图像的高级实用技法。

　　1. 这3张照片是使用三脚架和遥控快门线拍摄的包围曝光照片，画面中人物移动的范围很大。

　　2. 选择要合成HDR图像的案例图像并在Camera Raw中打开，在胶片栏缩览图中单击鼠标右键，展开上下文菜单，选择"全选"，再次在胶片栏缩览图中单击鼠标右键，展开上下文菜单，选择"合并到HDR"。

3. 在弹出的"HDR合并预览"对话框中，将"消除重影"级别提高至"高"并取消勾选"对齐图像"复选框。

"消除重影"下拉菜单提供了"低""中""高"和"关"选项，用户可依据图像中动态影像位移的多少，选择合适的级别来消除图像中的摩尔纹。

（1）低：校正图像中动态影像位移较小的移动。

（2）中：校正图像中动态影像位移适量的移动。

（3）高：校正图像中动态影像位移较大的移动。

4. 在对话框内可预览这些设置的效果。必要时，勾选"显示叠加"复选框可以查看重影消除效果。

5. 单击"合并"按钮并保存图像。

6. 合并后的HDR图像极为自然，动态影像位移较大的重影被完全消除，高光和阴影细节丰富，效果令人满意。

小结

当移动的物体小于图像的10%时，动态全景图像都能顺利被创建。

第三节　一步式创建 HDR 全景图像的高级技法

在 Camera Raw 中，不仅可以创建静（动）态的 HDR 图像，还可以创建静（动）态的 HDR 全景图像（各组必须具有相同数量的 HDR 图像，并具有一致的曝光环境偏移量）。

学习目的： 学习一步式创建 HDR 全景图像的高级实用技法。

1. 这15张照片是连续拍摄的 HDR 图像，具有相同的曝光偏移量，每3张为一组，共5组。

2. 选择要合成 HDR 全景图像的案例图像并在 Camera Raw 中打开，在胶片栏缩览图中单击鼠标右键，展开上下文菜单，选择"全选"，再次在胶片栏缩览图中单击鼠标右键，展开上下文菜单，选择"合并为 HDR 全景"。

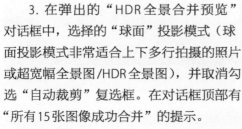

3. 在弹出的"HDR 全景合并预览"对话框中，选择的"球面"投影模式（球面投影模式非常适合上下多行拍摄的照片或超宽幅全景图/HDR 全景图），并取消勾选"自动裁剪"复选框。在对话框顶部有"所有15张图像成功合并"的提示。

4. 拖曳"边界变形"滑块至75，校正图像的扭曲畸变，以填充画布（图像场景比较复杂时，更高的滑块值会使全景图的边界更贴合周边边框，不易产生后期修图的痕迹）。

5. 勾选"填充边缘"复选框，自动填充图像周边的透明区域，完善图像的视觉效果。

6. 单击"合并"按钮并保存图像，Windows系统中按住Alt键（Mac系统中按住option键）可跳跃保存这一步，直接将新创建的HDR全景图像保存在源图像所在的文件夹中。

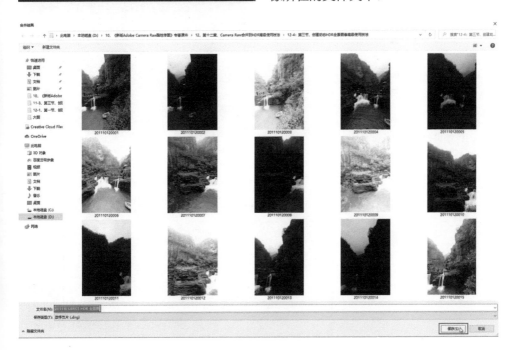

7. HDR全景
图像创建完成。

小结

要想成功地将选定的图像合并为HDR图像或HDR全景图像，需注意以下事项。

1. 所有图像都必须包含图像的元数据（曝光时间、f值和ISO等），
否则，Camera Raw无法创建HDR图像或HDR全景图像。

2. 每组"包围曝光"照片必须连续拍摄。例如，如果案例图像前
3个是包围曝光图像，则这3个图像将成为第一组图像，而接下来拍摄
的3个图像将成为第二组图像，
以此类推，并且每组图像的曝
光环境偏移量须一致（例如，
一组图像的曝光值相差是二级，
其他组别中的曝光值相差也是
二级）。

3. 如果在"合并为HDR
全景"时少选了一张图像，仅
用14张图像进行HDR全景图
合并，在弹出的"HDR全景合
并预览"对话框顶部会有"14
张图像中有2张无法合并"的
提示。